改变世界的
120 项
神奇发明

[美] 本·埃肯森 (Ben Ikenson)　[美] 杰·班尼特 (Jay Bennett)　著

周　皓　孙桂林　周亚芳　译

北京时代华文书局

图书在版编目（CIP）数据

改变世界的 120 项神奇发明 ／（美）本·埃肯森，（美）杰·班尼特著；周皓，孙桂林，周亚芳译. — 北京：北京时代华文书局，2020.1（2024.11 重印）

书名原文：Ingenious Patents: Bubble Wrap, Barbed Wire, Bionic Eyes, and Other Pioneering Inventions

ISBN 978-7-5699-3436-6

Ⅰ. ① 改… Ⅱ. ① 本… ② 杰… ③ 周… ④ 孙… ⑤ 周… Ⅲ. ① 创造发明－世界 Ⅳ. ① N19

中国版本图书馆 CIP 数据核字（2020）第 012267 号

北京市版权局著作权合同登记号　图字：01-2018-3609 号

改 变 世 界 的 1 2 0 项 神 奇 发 明
GAIBIAN SHIJIE DE 120 XIANG SHENQI FAMING

著　　者｜[美]本·埃肯森　[美]杰·班尼特
译　　者｜周　皓　孙桂林　周亚芳

出 版 人｜陈　涛
责任编辑｜周　磊
执行编辑｜余荣才
责任校对｜周连杰
装帧设计｜今亮后声　赵芝英
责任印制｜刘　银　訾　敬

出版发行｜北京时代华文书局 http://www.bjsdsj.com.cn
　　　　　北京市东城区安定门外大街 138 号皇城国际大厦 A 座 8 层
　　　　　邮编：100011　电话：010-64263661　64261528
印　　刷｜三河市嘉科万达彩色印刷有限公司　0316-3156777
　　　　　（如发现印装质量问题，请与印刷厂联系调换）
开　　本｜710 mm×1000 mm　1/16　印　张｜21　字　数｜325 千字
版　　次｜2020 年 11 月第 1 版　　印　次｜2024 年 11 月第 16 次印刷
书　　号｜ISBN 978-7-5699-3436-6
定　　价｜78.00 元

致谢

首先，我要感谢我的母亲梅根和父亲乔·班尼特，他们是本书最早也是最可靠的审校者，当我在思考这个世界的运作方式时，他们给我注入一种令人愉悦的感受。

黛娜·邓恩（Dinah Dunn）和汉娜·史密斯（Hannah Smith）负责本书编辑工作，她们为处理书中我们添加的发明细节起了至关重要的作用。我还要感谢《大众机械》（*Popular Mechanics*）杂志的两位编辑——安德鲁·莫斯曼（Andrew Moseman）和埃里克·莱默（Eric Limer），他们率先向我介绍了罗列在本书中的大部分技术，并且几乎每天都能不断地给我带来新的不平凡的发明成果。

最后，我要感谢美国专利商标局，它们致力于促进创新并与这个世界一道分享最伟大的专利发明。

前言

我欣赏艺术家的作品，但在我看来，它们只是影子和假象。我想，是发明家奉献出一些实实在在的创造，影响着整个世界。

——尼古拉·特斯拉（Nikola Tesla）

过去几个世纪，发明都是以专利的形式得到认证——以书面形式最终确认某项发明属于某位发明家——他或她。它代表了长时间的劳动、看似无休止的试验和一连串的错误，以及在最终发明成熟之前的几十次（或许数百次）的失败。

今天，发明专利扮演着稍微不同的角色。是的，它们仍然可以是对新产品合法发明人的最终批准认证，但企业对专利权的使用和技术的发展已经改变了一切。现在，公司为他们数百种还没有或可能永远没有制造的设备、产品、发明和创意申请专利，目的只是试图预测未来。 这些奇特的专利包括带有内置麦克风的颈部文身、来自谷歌公司的测谎仪，以及来自福特公司的一个能从汽车上弹出的轮子——让人可以像骑踏板车一样骑着它。一旦这些发明有一天真的成功面世，这些公司会因此获利。

今天的发明者很少会在黑暗的地下室里修修补补——直到有一天，经历无数次手被烫伤和无数次部件破碎之后，他们的劳动成果终于成为人类文明的新事物。但这个世界的尼古拉·特斯拉们并没有消失。他们只是参与一个新的过程 ——一个21世纪技术进步所特有的合作和发展过程。

作为一项广泛的调查，本书关注专利谱系中的所有分支——无论是几个世纪前的还是刚刚萌芽的新发明。气泡膜和带刺铁丝网与仿生眼一样有趣迷人。每一项发明记录了我们的价值观、我们的个性特质及对人类本质至关重要的发明精神。

谁发明了苹果手机（iPhone）？史蒂夫·乔布斯（Steve

Jobs）只是一位大胆的领导者，实际上，有14人被列为这个超短又含糊其词的"电子设备"专利的发明者。其实，苹果手机并不是一项新技术，而是几个现有技术的结合——如无线互联技术、媒体存储、触摸屏用户界面、第三方应用程序开放平台和全球定位系统（GPS）。GPS可以说是到目前为止，21世纪最具影响力的产品，它不仅改变了我们的生活方式，也改变了我们的思维方式。

有关自动驾驶汽车的发明情况又是怎样的呢？全球各大汽车公司与大型科技公司一样，都拥有数百项与自动驾驶汽车相关的发明。（有趣的是，特斯拉有限公司并没有。）反倒是意大利一家小型研究公司的VisLab（视觉与智能系统实验室）突破了瓶颈，并在2013年推出了第一辆能够在公共街道自行驾驶的汽车。

未来的自动驾驶汽车——一辆放学时接你孙女的汽车——将是几十年来不断改进、不断创新，以及海量数据存储的成果。

本书堪称图文荟萃的发明集，展示了每个发明的基本原理、发明者的初衷（有时候与其最终用途大相径庭），以及介绍了这些发明之所以申请了专利，目的是保护发明者——这些独特的有远见的天才。除美国外，许多发明都在发明者的祖国获得了专利认证。为了保持一致性，本书使用的专利语言和插图主要来自美国专利商标局。

自托马斯·杰斐逊于1790年颁发第一项发明专利以来，美国专利商标局已经授予了超过9,500万项发明专利以促进科技进步和经济繁荣。本书列入的发明仅代表其中的一小部分。在本次修订中，我们增加了15个新主题：三维（3D）打印机、第三代无线移动通信（3G）、视网膜植入（仿生眼）、蓝牙、规律间隔成簇短回文重复序列（CRISPR）基因编辑、无人直升机、机械外骨骼、全球定位系统、石墨烯、苹果手机、磁悬浮、自动驾驶汽车、太阳能电池板、虚拟现实和大脑植入，试图揭示21世纪发明和创新的非凡过程。

例如，你可能不知道四轴无人飞行器发明于1962年。此后这种新型飞行器一直休眠了半个世纪之久，直到围绕它的技术——微处理器和微型摄像机充分展示了它的潜力时，就像非洲草原的蝗虫一样，消费型无人机才从尘土中崛起并兴盛起来。

不妨以全球定位系统为例，揭示许多发明都是"错误"的产物，是在尝试制造完全不相关的东西时意外发现的，只是全球定位系统的出现更偶然。这是一个事后的想法——美国卫星计划遗留下来的基础设施。当时几乎没有人可以预测到，将来会有这么多人无论走到哪里，口袋里都会装着功能强大的智能手机，这就像是拼图里隐藏着的那一块创造了我们今天所知的全球定位系统。

现代的发明不太可能像灯泡、内燃机或飞机那样，成为改变世界的全新设备。在文明进步的阶梯上，它们几乎总是完全依赖于之前的每架阶梯一步步拾级而上。这本新修订的《改变世界的120项神奇发明》，是基于发明专利的角度来阐述的，我希望它将有助于揭示这架梯子可以延伸到多高。

——杰·班尼特（Jay Bennett）

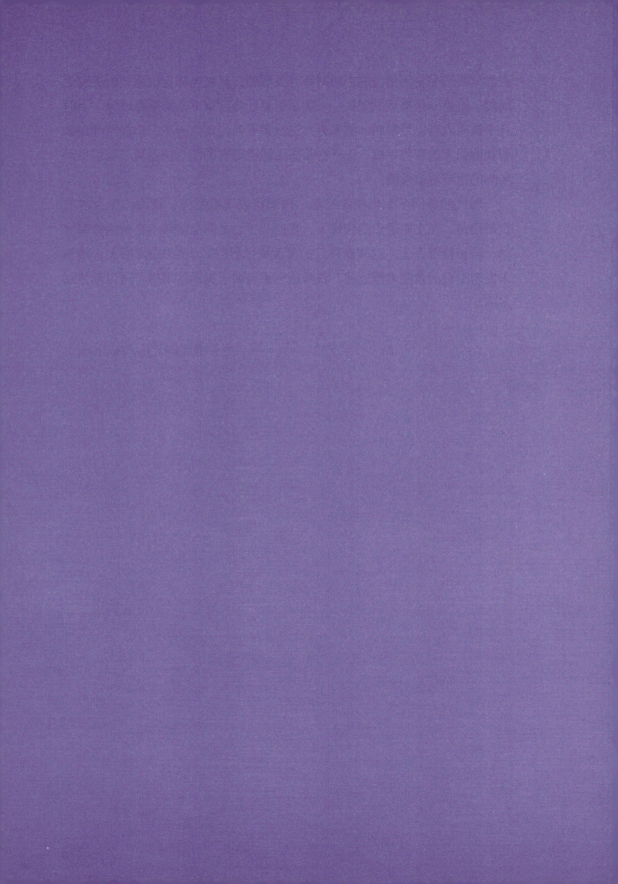

目录

第二章　成功的小发明

第三章 非常人性化的发明

第四章 奇妙的发明

第五章　便捷的发明

第六章　令人愉悦的发明

附录　发明专利小常识

引言　发明专利历史

> 国会有权……为促进科学和实用技术的进步，对作家和发明家的著作和发明，在一定期限内给予专利权的保障。
>
> ——美国《宪法》第1条第8款

开端

尽管美国最初的13个殖民地中多数都支持某种形式的专利法，但正如我们现在所知，专利的最初概念并不是美国人独有的。1449年，英国国王亨利六世授予尤特纳姆的约翰（John of Utynam）一项专利，以表彰他制造彩色玻璃的独特技术。很明显，保护发明者的创意不仅有益于发明者个人，也有助于促进整个国家的经济增长。因此，在来自英国的移民抵达美国的同时，他们带来了专利法的概念。

美国开国元勋们对专利、商标和版权法的效用深信不疑，"知识产权条款"是美国专利法赖以建立的基础，它们的原则和信条被写入美国《宪法》第1章第8条第8款。事实上，当代美国专利商标局就是建立在早年通过的《1790年专利法》《1793年专利法》和《1836年专利法》这三个法律之上的。

托马斯·杰斐逊（Thomas Jefferson）等人于1790年率先制定了美国的第一部专利法，即《1790年专利法》。该法规定所有发明专利申请必须附有其发明的模型，因为杰斐逊认为专利只应颁发给有形的东西，不包括想法。该法也明确禁止外国专利在美国土地上获得保护。佛蒙特州匹兹福德的塞缪尔·霍普金斯（Samuel Hopkins）是新专利局授予的第一个美国专利的获得者，因其"改良了钾盐的制作技术"。

几年后，第二部专利法获得通过，部分原因是为了应对发明者对第一部专利法效率低下的抱怨。1793年，托马斯·杰斐逊和亚历山大·汉密尔顿折中了两部相互冲突的法律，起草了

《1793年专利法》。该法设立了正式的审查委员会，由国务卿、司法部长和战争部长三个职位组成。但是，专利局内的组织机构仍然很少。

重塑美国专利局

美国内战前和重建期间，专利申请的数量不断增加，更加坚定了政府建立一个更有效率的专利局的必要性，于是《1836年专利法》出台。由此，美国专利局得以设立，并成为政府的一个部门。帮助起草该法案的亨利·埃尔斯沃思（Henry Ellsworth）被任命为该法实行后的第一位专利委员。除了简化申请程序，《1836年专利法》也要求将所有新专利的副本分发给全国各地的图书馆，为公众普及最新发明的相关知识。现在的美国专利局是以这个法案为基础建立的。

1975年，美国专利局更名为美国专利商标局。今天，它是美国商务部的14个局之一，位于弗吉尼亚州阿灵顿，这里有5,000多名雇员从事专利和商标申请的审查工作。

模型的麻烦

1836年12月15日，一场大火摧毁了美国专利局的所有记录和大多数专利模型。随后国会拨款10万美元用于修复3,000个最重要的模型。40年后，第二次火灾摧毁了另外7.6万个模型。1880年，对模型的要求被认为是不切实际的。于是，1893年，剩余的模型被封存起来。

最后，这些模型要么被拍卖，要么下落不明。其中约有2,500个模型最终被史密森学会收藏，而多达数千个模型成为慈善家亨利·威尔康（Henry Wellcome）爵士的名下财产。据说，他打算为它们建立一个博物馆。他死后很多模型被拍卖了。1979年，航空航天工业设计师兼发明家克里夫·彼得森（Cliff Petersen）以50万美元的价格买下大约800箱模型——其中一些自1926年被打包封存以来就没有被打开过。彼得森向美国专利模型基金会捐赠了3万件模型和100万美元，他本人收藏了大约5,000个模型。但许多有历史意义的模型仍然散落在古董店和跳蚤市场。

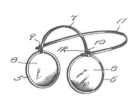

专利模型之家

    1998年,艾伦·罗斯柴尔德(Alan Rothschild)在纽约卡泽诺维亚(Cazenovia)创建了罗斯柴尔德-彼得森专利模型博物馆(Rothschild Petersen Patent Model Museum)。他的藏品中有很大一部分是从克里夫·彼得森那里收购的。罗斯柴尔德还购买了阿肯色州史密斯堡专利模型博物馆的所有模型,一共82个。这些模型的几张照片得以在本书中呈现,得感谢罗斯柴尔德-彼得森专利模型博物馆的大力协助。

ONE

重大的革命性发明

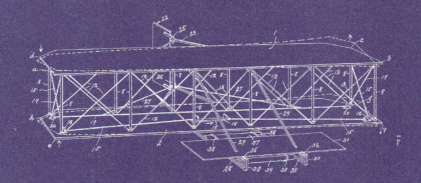

1909年7月，莱特的飞机在弗吉尼亚州迈耶堡试飞

飞机

专利名称： 飞机

专 利 号： 821,393

专利日期： 1906年5月22日

发 明 者： （俄亥俄州代顿市）奥维尔·莱特（Orville Wright）和
威尔伯·莱特（Wilbur Wright）

人类必须超越地球——到达大气层的顶端，并超越大气层，只有这样，他才能完全了解他所生活的世界。

——苏格拉底

用途　　使人类能够通过飞行的方式旅行。

背景　　1903年12月17日，从北卡罗来纳州基蒂霍克发来的一封电报，揭开了历史上重要的新篇章。在电报中，奥维尔·莱特告诉父亲，他和哥哥威尔伯在当天早上测试了他们的发明——飞行器，获得成功。在那天早上最后的测试中，威尔伯在空中停留了59秒，行进了259.69米。

2003年对飞机来说是一个明显的里程碑：飞机飞行已历百年。这年12月17日，恰好是距莱特兄弟成功飞行一百周年之日。然而，在有人试图重现那段历史时，发生了意外。

飞行一直是人类的梦想。那天早晨所发生的事情在很大程度

工作原理

协和式飞机曾是世界上飞行最快的非军用飞机，飞行速度为每小时1,350千米。它能以超音速飞行在18,288米以上的高空，从纽约到伦敦只需3个小时，飞行时间不到波音747飞机的一半。因受商业趋势和2001年"9·11"事件影响，这种表现非凡的飞机的市场需求减少，于2003年结束了最后一次飞行。

上到达了无数个世纪以来人类愿望与意志的顶峰。莱特兄弟选择了在北卡罗来纳州的外班克斯（Outer Banks）试飞，原因是，该地多风，有助起飞，而且松软的沙滩也能让飞机降落更安全。

莱特兄弟的飞行器类似一架复杂的现代悬挂式滑翔机。操作员把飞行器固定到位，然后推动它沿轨道前进，在发动机和风力的驱动下飞离地面。其轻质材料和空气动力学设计是成功的关键。

双翼飞机的设计特点是有两架"飞机"——在专利说明图*（见下图）中，平行叠加的机翼（1）和（2）成一定角度，既能以合理的速度推进，又能被风驱动升起。飞机是由轻巧、坚固、柔韧的布覆框架构成。

1. 一系列的横向梁、纵向肋材和对角拉线形成一个桁架系统，将飞机构件固定在一起，形成设计的中心部件。

2. V形臂（23）有助于支撑由枢轴（25）连接的后置垂直方向舵（22），枢轴（25）上安装有槽轮或滑轮（26）。

3. 舵柄绳（27）穿过滑轮，横向伸出。

4. 舵柄绳系在另一根绳索（19）上，该绳索穿过飞机下部的上表

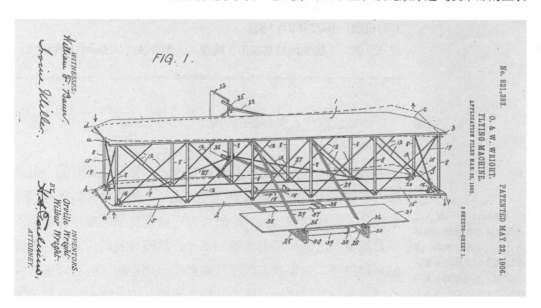

———

* 为保持每个发明申请专利时设计图的原貌，本书对其英文部分不再翻译。设计图中的FIG，系英文FIGURE的缩写，意为图形、图表。

面，移动支架（18）用来转动方向舵。

5. 在飞机的前部，两根支柱（29）将水平舵（31）固定在适当的位置，水平舵（31）后缘位于操作者的正前方且可以上下操纵。

发明者的话　　"我们发明的飞机借助机械动力或地球引力，依靠一个或几个倾角不大的机翼前缘冲开空气而持续在空中飞行。"

"我们的目的是创造出能维持或恢复平衡的装置，可以垂直和水平地操纵它，同时它是一个轻巧、有力、便利并具备其他优点的机器。"

"飞机能在空中停留，是因为它的一个或多个机翼的下表面与空气以小冲角相接触。"

人工心脏

专利名称：**软壳蘑菇形心脏**
专　利　号：3,641,591
专利日期：1972年2月15日
发 明 者：（犹他州盐湖城市）威廉·J.科尔夫（Willem J. Kolff）

人工心脏模型

用途　　协助或取代人类心脏的功能。

背景　　心脏可以被人工替代品成功替换，即使只是暂时的，也是对人类聪明才智的最好证明。一般成年人的血管，如果连成一条线，能绕地球好几圈。心脏负责向这些复杂的静脉和动脉提供血流量。这是一项很重要的工作，且随着我们的成长，变得越来越重要。如果我们因慢性高血压、冠心病、心脏瓣膜病或心肌炎等一系列疾病造成心脏功能丧失，那么提供血流量就变得更加困难。

随着医生对心脏的复杂性有更多的了解，人工心脏也继续

1982年，一颗人工心脏被成功移植到一位病人身上，手术结束后，患者维持了112天的生命。2000年，患者彼得·霍顿接受了人工心脏，并维持了7年生命，是迄今为止因移植人工心脏而存活时间最长之人。

向前发展。最初提出人工心脏想法的，是出生于荷兰的美国医
生威廉·J.科尔夫，他是犹他大学外科教授。1972年2月15日，
他获得了第一颗人工心脏的专利。这天，恰好是情人节之后的
第二天；这天，也恰好是他生日的第二天——他出生于1911年2
月14日。

工作原理　　人工心脏是一种复杂的构造，包括两个基本循环系统：填
充和释放。

在下图左图（FIG1）中：

1. 血液泵送室（10）被封闭在柔性壁（11）内。

2. 非弹性的柔性网（12）限制了壁体过度膨胀。

3. 血液通过阀座（15）和阀头（14）之间的开口进入泵
室，其位置在蘑菇形泵送构件（13）的顶部。

4. 另一个阀门（16）防止血液在心室充盈阶段倒流。

在下图右图（FIG2）中：

1. 迫使空气进入蘑菇形泵送部件。

2. 当泵送部件膨胀时，阀头（14）和阀座（15）在顶部将
腔室密封，以防止血液回流。

3. 然后通过释放阀（16）泵出血液。

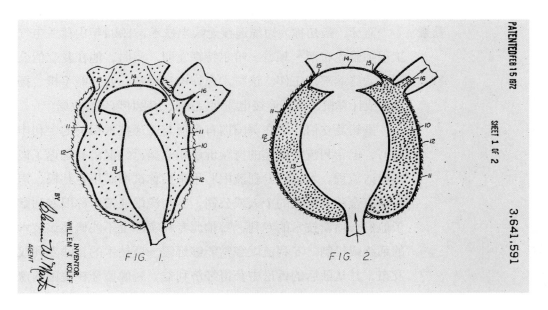

"最理想的状况是，人工心脏的血液输出量与血液输入压力相应且基本成正比。输出量和入口压力之间的关系被称为斯塔林（Starling）心脏定律，这是设计人工心脏的重要考虑因素之一。 因为这种关系可以防止入口血管因泵送室或输出量不足的血池被过度抽吸而造成塌陷。"

蓝牙

专利名称： 多个移动通信设备间的连通
专 利 号： EP 1016242 A1
专利日期： 2000年2月15日
发 明 者： （瑞典隆德市）雅克布斯·雅普·哈尔特森（Jacobus Jaap Haartsen）

用途 此无线系统允许电子设备使用短波超高频无线电波进行短距离数据交换。

背景 蓝牙，最初称为短线连接无线电技术，1994年由荷兰电气工程师雅克布斯·雅普·哈尔特森发明。当时，他在爱立信公司移动终端部门工作。该技术允许电子设备，如智能手机、扬声器或计算机，无需连接电缆而使用低功耗射频交换数据。

虽然爱立信公司在美国拥有多项与蓝牙技术相关的专利申请书，但专利流氓发起的持续诉讼和索赔已经混淆并延迟了许多申请流程。术语"专利流氓"用来指称试图滥用专利权、声称拥有合法发明权的个人或公司。专利流氓通常声称旧专利赋予他们一项新技术的专利，哪怕此专利实际上不能概述该技术的系统或机制。专利流氓经常能够延缓一项技术的合法专利权发布，并从随后的诉讼中获得经济利益，就像蓝牙在美国的遭遇一样。然而，雅克布斯·雅普·哈尔特森和爱立信公司确实在欧洲持有多个蓝牙关键技术的专利，比如此处列出的专利。

如今，全球数十亿台设备使用蓝牙技术。每个带有蓝牙的电子设备内部包含一个小型计算机芯片，用作蓝牙无线电装置，同时运行必要的软件以连接到另一个蓝牙无线电设备上。当芯片靠近另一个蓝牙设备时，两者可以通过频率介于2.4GHz和2.485 GHz之间的无线电波连接或"配对"。配对的蓝牙设备使用被称为"微微网"的短程网络相互通信，这是哈尔特森专利中使用的名称。一台设备充当主设备，可以向多达7台连接的设备发出命令。

蓝牙技术主要用于高品质音频流，比如从智能手机到一对蓝牙耳机或蓝牙音箱。当然，蓝牙技术不仅仅用于音频，也用于其他智能消费产品，如智能篮球和智能服装也使用短线连接无线电技术。通过低功耗无线电波使所谓的物联网（IoT）实现了连接许多电子设备的能力，比如连接智能家居中的恒温器、电灯、锁，乃至冰箱。随着开发人员不断寻找新用途并创造新的设备连接到不断增长的无线网络，蓝牙技术的潜在应用实际上是无限的。

工作原理　　　1. 电子设备中的小型计算机芯片充当短波超高频无线电。

2. 计算机芯片运行软件使用频率在2.4 GHz和2.485 GHz 之间的无线电波，并向其他蓝牙设备发送其位置。

3. 当两个蓝牙设备相互识别时，它们可以连接或"配对"，并实现无线共享数据。

4. 一台蓝牙设备（通常是智能手机或电脑）充当主设备，向耳机或扬声器等其他设备发送控制命令。

5. 无线连接支持多种应用程序，包括流式音频、将无线键盘连接到计算机、从健身监控器跟踪数据，甚至替人们开灯或通过手机锁上前门。

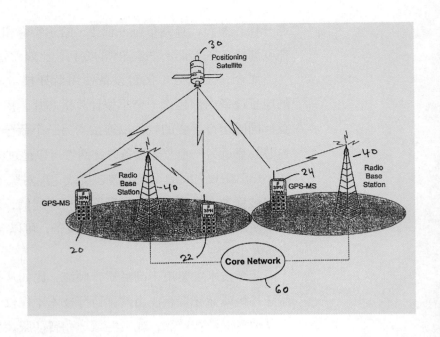

发明者的话　　"我接到一个任务，构思一个能支持语音和数据的无线数字化系统。我从零开始，但最终成功了。我研究了现有的系统，了解了很多移动系统，对于真正的短程技术来说，它们太复杂了。我也考察了无线系统，如DECT（数字增强型无线通信），它非常依赖基站和其周围的无线基础设施。对于蓝牙，我被要求做的事情实际上是一个对等网络，是在一定范围内的设备之间点对点的专门网络。"

大脑植入

专利名称：三维电极装置

专利号：US 5215088 A.

专利日期：1993年6月1日

发明者：（犹他州盐湖城市）理查德·A.诺曼（Richard A.Normann）、帕特里克·K.坎贝尔（Patrick K.Campbell）和凯利·E.琼斯（Kelly E.Jones）

一名瘫痪的妇女使用大脑植入物控制机械臂喝到咖啡

用途　　这种植入大脑的电子设备通过发送和（或）接收电信号与神经元连通。神经植入物可用于监测受试者的大脑活动，恢复由于大脑受到损伤而失去的感觉，如视觉和听觉，甚至创造一个大脑—计算机接口。

背景　　19世纪70年代的医学家们认识到，脑电刺激可能引起动物和人类的运动。在20世纪，第一项研究结果表明，人们可以利用脑电刺激来改变一个人的情绪或行为。20世纪70年代初，耶鲁大学的生理学家乔思·德尔加多（José Delgado）发明了"刺激接收器"。这是一种植入大脑的装置，它使用被称为神经冲动的电信号来刺激神经元。1973年，德尔加多写道，用无线电信号刺激大脑"产生了多种多样的效果，包括愉快的、兴奋的、深刻的、深思熟虑的、奇怪的感觉，还有超级放松、彩色视觉和其他反应"。

　　20世纪80年代后期，神经植入技术又出现了一个突破，犹他大学的理查德·A.诺曼、帕特里克·K.坎贝尔和凯利·E.琼斯发明了所谓的"犹他阵列"——一排针状电极可以植入大脑并极其准确地刺激特定神经元或神经元组。后来，使用犹他阵列的专利应用——"大脑植入装置"被描述为："可以通过数个金属针与大脑连接，用于检测电信号或将信号传输到大脑的一种植入式集成装置，这多少有点令人不安。"

近年来，由于无线技术和不断改进的电极阵列，大脑植入物变得越来越复杂且发展势头不可阻挡。犹他阵列仍然用于研究，这些阵列通常小于一枚一角硬币，但已有其他植入物开始取代它们。比如一个叫作"Stentrode"（支架）的装置，它看起来类似于一根缝纫针，可以放置在大脑一侧的血管内。"神经花边"技术使用网状结构在更多电极的作用下覆盖大脑更大的部分以增强其功能。（神经花边技术被认为在允许用大脑精确控制计算机方面存在巨大潜力。）

今天的大脑植入物可以使人们移动和控制机械假肢，也可将人们的想法在计算机上显示出来，它们还能与相机和眼部植入物一起使用，以恢复类似盲人的视力（见第132页《仿生眼》）。2017年3月，一位因一次自行车事故而导致肩膀以下瘫痪的56岁男子，他的大脑里被医生植入了神经系统传感器，他的手臂上被医生植入了电极。神经系统传感器检测到了他的想法（或者叫大脑信号），并将它们传送给计算机，计算机通过外部电缆将信号发送到他的手臂上的电极上，能够让他移动肢体。

"这太棒了，"比尔·科切瓦尔告诉美联社，"我简直不敢相信，我只要想想就能做到。"

在未来，大脑植入物可以让人们用思想控制更先进的系统，如计算机编程或驾驶车辆。由此，医疗福利也将得到改善，医生可以绕过受损的神经连接，使瘫痪的肢体恢复运动。

神经植入技术的下一个重大飞跃是这样一种设备，它既可以发送信号来控制计算机系统，又能从计算机接收信号来提升大脑的能力。特斯拉公司创始人埃隆·马斯克（Elon Musk）和美国太空探索技术公司（SpaceX）最近宣布，一家名为Neuralink的新公司将致力于研究和开发"神经花边"技术。这些设备将首先在医疗行业得到应用；但埃隆·马斯克表示，使用"神经花边"技术增强认知能力是必不可少的，它将连同人工智能一起为未来经济做出贡献；在迪拜举行的2017年世界政府首脑峰会上，他说，我们需要"生物智能和机器智能的结合"。

工作原理　1. 一个包括一系列电极的小型电子设备被植入人的头部，可以放置在头骨外面或内部，但最常见的是直接放置在大脑表面，附着在大脑皮层。

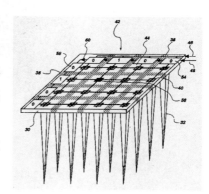

2. 这种神经植入物可以检测、阻断、记录或刺激大脑神经网络中神经元群的信号。

3. 然后，植入物检测到的信号通过无线设备或有线连接传输到计算机，计算机系统读取和解读这些信号。

4. 检测到的神经信号被记录下来并绘制成大脑模型，探索大脑是如何工作的。

5. 这些信号也可以被计算机转换成一系列控制指令，如移动机械臂或假肢。

6. 如果植入装置包括电极阵列，则电信号可用于刺激大脑中的特定神经元并恢复失去的大脑功能或引发情绪反应。

7. 研究人员正致力于开发一种大脑植入物，可以绕过受损的神经连接并恢复运动或视力等功能。

8. 一些未来学家认为，最终，神经植入物与计算机系统相连可以发送信号刺激大脑并增强其功能，比如提高效率或改善记忆。

发明者的话　"该电极阵列特别适合用作神经元接口装置并植入大脑皮层。更具体地说，图示中的电极阵列适合用作盲人的视觉假体。通过某种方式（如摄像）将视觉图像压缩成电信号，然后再将其提供给电极阵列。"

制作于1840年的沃尔科特相机

相机

专利名称： 通过凹面反射镜和反射板，使反射光或其他光线成像的方法
专 利 号： 1, 582
专利日期： 1840年5月8日
发 明 者： （纽约州纽约市）亚历山大·S. 沃尔科特（Alexander S.Wolcott）

用途　　捕捉实时的、静止的图像，然后将这些图像印在纸上，保存为"照片"。

背景　　1840年，亚历山大·S. 沃尔科特（Alexander S. Wolcott）成为美国第一个获得摄影发明专利的人。在欧洲，法国人达盖尔（全名路易斯–雅克–曼德·达盖尔，Louis–Jacques–Mandé Daguerre）开发出了一种使用光在平板上捕捉图像的方法。但这些名为"达盖尔（银版）照相法"所需的曝光时间非常长，所以最适合拍摄无生命的物体。1839年，达盖尔发表了达盖尔照相法制作过程的报告，有创造力和企业家精神的美国人塞缪尔·F.B.莫尔斯（他曾经是一位肖像画家）和沃尔科特抓住了这个概念并着手改进它。作为牙医的沃尔科特提出了在相机内部添加凹面镜的想法，将强烈的光反射到平板或胶片上，这明显地加快了曝光时间。在该专利发布前两个月，沃尔科特和合作伙伴在纽约开了世界上第一家肖像工作室。

望远镜的发明者亨利·菲茨（Henry Fitz），他与沃尔科特合作开发了照相机

如下图所示：

工作原理

1. 小的开放的钢架（C）立在一个盒子内的支架（D）上。

2. 将支架固定在一块木头（E）或其他可以沿着盒子底部滑动的材料上。

3. 相机顶端的一扇门（A）用作目镜。

4. 放置在盒子内的凹面反射器能够反射图像，图像将通过小钢架呈现。

5. 用于显像的材料被放在一个小钢架内。

6. 通过反射镜作用于材料上，被拍摄之人的肖像被印在材料上。

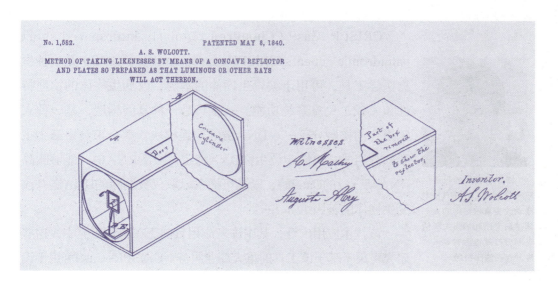

发明者的话

"当人们使用相机——带有反射器的盒子A和C时，应该把要照相的人安置在椅子上，并附加一些适当的支撑头部的东西，使他保持完全静止；接着，将相机置于人的正对面，将试板放置好或靠在框架C上，并通过滑动件E来调节焦点；然后移除试板，把纸张或其他要使用到的（用任何一种众所周知的通过发光或其他方式制备的）东西放置到位，并等到足够的时间后形成图像。"

CRISPR（规律间隔成簇短回文重复序列）基因编辑

专利名称： CRISPR-Cas系统和改变基因产物表达的方法
专 利 号： US 8697359 B1
专利日期： 2014年4月15日
发 明 者： （马萨诸塞州剑桥市）张锋（中国河北省石家庄市人）

用途　把DNA（脱氧核糖核酸）的遗传结构、RNA（核糖核酸）和Cas9酶注射进一个有机体来删除或替换DNA分子的一部分，改变有机体的基因组成和物理特征。

背景

博德研究所的张锋是第一个利用CRISPR技术成功改变真核细胞的人。博德研究所和加州大学伯克利分校就谁拥有第一项专利存在法律纠纷

CRISPR-Cas9（Clustered regularly interspaced short palindromic repeats/CRISPR-associated protein 9）是一种生物医学工具，可用于编辑生物体的基因，改变生物体的物理特性和（或）免疫系统功能。该工具是一种基因构造，是一种人工组合的核酸分子——DNA链的构建模块。整个工具由三个主要部分组成：可以定位生物DNA特定片段的RNA链，能够删除DNA某一段的Cas9酶，以及可插入以取代被删除的DNA链并改变生物体的基因组。

该技术应用广泛，其中许多应用目前正在科学研究中，这些研究可用于基于该工具的重大商业服务。CRISPR-Cas9可用于设计农作物，使其产量更高，对疾病的抵抗力更强。此项技术已在中国试验成功。经试验，山羊的肌肉和毛发生长速度是未经改良的普通山羊的两倍——可以用来扩大国家的畜牧业。目前甚至在研究用CRISPR-Cas9改良猪的器官，使它们可以用于人体移植。

然而，CRISPR-Cas9研究的主要焦点是与之相关的疾病预防。科学家们已经使用基因编辑工具来设计蚊子，使其不能携带疟原虫。比如，长期目标是改变整个蚊子种群，旨在减少高风险国家感染疟疾的危险。美国和中国也正在研究使用CRISPR-Cas9改变人类的免疫系统，使其T细胞能有效地杀死癌细胞。这项研究可能会带来全新的癌症治疗方法，甚至治愈癌症。其他正在进行的研究还包括，从出生前的胚胎里最终消除基因突变，这种全新的方式可以预防患者出生前的遗传性疾病。

在CRISPR-Cas9出现之前，还有其他基因编辑工具可供生物医学科学家使用，但该工具更易于使用，更准确，更实用，明显也更便宜。即使如此，随着技术不断成熟，仍存在生物体DNA片段被错误删除的风险，或替代链可能无法在生物体基因组中占据一席之地，导致意想不到的基因突变。

加州大学伯克利分校（University of California, Berkeley）和博德研究所（Broad institute）——一个与哈佛大学和麻省理工学院合作的非营利研究机构，对于谁拥有CRISPR技术的首个专利陷入了法律纠纷。该专利授予了博德研究所的张锋，因为他是第一个发布并直接详细地提供了成功的实验——改变真核细胞或多细胞生物，这是人类细胞的类型。虽然伯克利的专利是第一个提交申请的并基于早期的研究，概述了一个更简单的方法，但只将CRISPR-Cas9用在原核生物或单细胞生物上，特别是细菌上。博德研究所详细描述的方法最直接适用于将来使用CRISPR-Cas9的开发产业和持续研究。

工作原理　1. 将DNA结构注入生物体中，通常是一个胚胎，因此基因变化将应用于整个生物体中，但也可从人体中提取活细胞，用CRISPR编辑它们，然后再注射回患者体内。

2. RNA链是一种读取和解码DNA的遗传物质，可以识别生物体中将要被改变的DNA片段。

3. Cas9酶删除这段DNA。

4. 作为可选的最后一步，可以在被删除的地方嵌入新的DNA链。如果基因编辑工具仅用于从生物体中去除某个特征（如基因突变），则不需要这样做。

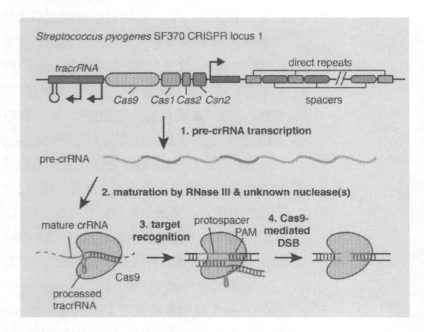

发明者的话　　　"很长一段时间以来，我们已经知道了基因突变导致疾病，所以产生一个想法：如果我们知道哪些突变导致疾病，那么，为什么不进入突变内部，更换它并将其恢复到正常顺序？"

DNA（脱氧核糖核酸）指纹识别

专利名称：基因组DNA鉴定方法

专 利 号：5,175,082

专利日期：1992年12月29日

发 明 者：（英国莱斯特市）亚历克·J. 杰弗里斯（Alec J.Jeffreys）

用途　一个人的DNA模式就像指纹一样独特。能够从DNA样本中创建一个遗传的"指纹"，在刑事调查或法医学中的亲子鉴定方面，能够提供明确的鉴别方法。

背景　杰弗里斯爵士发明的基因技术彻底改变了犯罪调查和法医科学。DNA或基因指纹识别技术用于根据DNA的独特性在特定物种内识别个体。

1984年9月，英国莱斯特大学的科学家兼教授杰弗里斯在英国南极考察站总部研究基因的进化。为了跟踪和标记基因的位置，分离出具有高度变异性的DNA小区域是很有用的。杰弗里斯用一块海豹肉作为实验对象，把海豹的基因与人类最接近的对应基因进行比对。他的比对实验促使他设计了一种能同时检测大量遗传物质变异的方法，从而得到一个意想不到的发现。他通过对基因的研究很快就发现DNA序列具有更鲜明的特征，而不是只能用于区分物种。

杰弗里斯和他的同事们偶然发现了第一个DNA"指纹"，马上就知道它的意义是巨大的。这个简单可靠的身份识别系统将在以下领域有广泛的应用：家庭关系建立、犯罪调查、医学研究，甚至野生动物研究。1994年，杰弗里斯的科学研究公开露面：检察官获取并出示DNA证据，证明辛普森（O.J. Simpson）在双重谋杀现场。现在，DNA证据经常用于刑事调查，许多因重大犯罪服刑的人已被免罪释放，因为DNA证据指向罪犯另有他人。

传统的指纹识别技术出现在更精确的DNA测试之前，DNA测试现在用于辅助鉴定

工作原理　人体内的每个细胞都包含由23对染色体组成的DNA图谱。人类基因组中只有一小部分是因人而异的。DNA指纹识别方法重点研究这些小的染色体变异区域。在这里，DNA片段显示成对的染色体序列——可变数目串联重复，或称"微卫星体"，无论在何处会连续重复1到30次。 在一个序列中，两个不

同数量的重复来自成对的父系和母系染色体。在各种可变数目的串联重复位置取样的这些数字，创建了一个独特的DNA图谱。

发明者的话　　"本发明一般涉及多核苷酸、DNA和RNA探针，以及它们的构造和在基因特征中的应用。这些用途可能包括，如确定人类、动物或植物的起源，多核苷酸和探针可用于亲子纠纷、法医学，或用于预防、诊断和治疗遗传性疾病及有遗传性倾向的疾病。"

　　"在英国的专利申请编号为'No.8525252'（公开号2166445），该专利描述了各种DNA序列，它们可在人和动物内的多个多态性位点上，用作探针单独地杂交，从而产生由不同分子量标记带组成的'指纹'。"

　　"总的来说，指纹的特征是跟个体有关，不同频段的起源可以通过一个人的祖先来追溯，在某些情况下也可以假设与某些家族遗传疾病有关。"

准备起爆的炸药棒

炸药

专利名称： 改良的爆炸性化合物
专 利 号： 78, 317
专利日期： 1868年5月26日
发 明 者： （瑞典斯德哥尔摩市）阿尔弗雷德·诺贝尔（Alfred Nobel）

这种相对安全有效的炸药（装在燃料棒中，运输安全，可从远处引爆）能产生各种强度可控的集中爆炸，用于拆除。

背景

1846年，意大利化学家阿斯卡尼奥·索布雷罗（Ascanio Sobrero）发现了化学炸药硝化甘油。

1911年，诺贝尔化学奖被授予玛丽·居里（Marie Curie）。这位法国化学家发现了元素镭和钋。她的发现很快为制造一种比硝化甘油威力大得多的爆炸物做出了贡献。

诺贝尔既是科学家又是精通世故的企业家。作为一位富有的发明家和桥梁工程师的儿子，他懂得如何用一点聪明才智来获取巨额利润并改变工作方式。为此，他想出了炸药。作为那个时代最重要的工具之一，炸药立刻使采矿、建筑、公路和铁路建设变得更快，成本更低，它也给诺贝尔家族带来巨额财富。

在该发明获得专利之前，诺贝尔和他的父亲一起开发硝化甘油，作为一种商业上可行的爆破岩石的炸药。事实证明，试验硝化甘油（一种油性液体）是一项危险的以牺牲为代价的活动。早些时候的一次爆炸造成几人死亡，其中包括诺贝尔的弟弟，但诺贝尔仍然决心要试验成功。他使用有机添加剂修改配方，使硝化甘油的操作运输更安全。通过将二氧化硅与硝化甘油混合，他发现液体可以制成可塑性的糊状物。糊状物做成棒条状可插入钻孔，从而让爆炸变得最安全和最具战略意义。

在诺贝尔的一生中，他在不同国家、在各个领域拥有350多项专利，其中包括电化学和生理学领域。他在遗嘱中表示，把自己的大部分财产用于设立一个基金，奖励在物理、化学、生理学和医学、文学和和平领域取得的成就。由此，在诺贝尔的诞生地瑞典斯德哥尔摩，每个年度都举行诺贝尔奖颁奖典礼。

工作原理

硝化甘油和吸收性二氧化硅以大约60：40的比例混合在一起，产生最小的有效爆炸，以78：22的比例可产生更大的爆炸效果。

1. 该化合物被封闭在一个紧密、坚固的外壳内，用高于182.2摄氏度的温度引爆。

2. 使用保险丝或雷管点火，可在远处引爆。

　　　"这个土壤（硅藻土）中的吸收剂性能如此之高，它能吸收约三倍于自身重量的硝化甘油而仍保留其粉末状，从而使硝化甘油非常致密和集中，仍保持它原有的爆炸威力；然而，如果使用另一种吸收能力较低的物质，被吸收的硝酸甘油比例会相应减少，炸药威力会相应地变弱或完全不会爆炸。"

阿尔弗雷德·诺贝尔

全球定位系统（GPS）

专利名称：利用卫星和被动测距技术的导航系统

专 利 号：US 3789409 A.

专利日期：1974年1月29日

发 明 者：（佛蒙特州克拉夫茨伯里）罗杰·L. 伊斯顿（Roger L.Easton）

用途　　　全球卫星导航系统是由美国空军运营、美国纳税人出资，为任何带有GPS（Global Positioning System）接收器的设备提供具体的位置和时间信息。

背景　　　今天，GPS是大多数移动设备和计算机上的一项日常技术。

使用它的应用程序，如谷歌（Google）地图， 可以精确定位所处的位置并提供前往另一个位置的方向。全球定位系统的故事就是美国卫星进程的故事，因为GPS是跟踪卫星技术，以及通过卫星跟踪地球上物体的技术，是它们自然演变的结果。

伊斯顿是GPS主要技术的幕后掌控者。1955年，他与人共同提出海军研究实验室（NRL）先锋计划（Project Vanguard proposal）项目，最终被艾森豪威尔政府选中，由此美国发射了首批卫星。1957年，伊斯顿发明了一种追踪先锋号卫星的系统，名为Minitrack（无线电跟踪）；同年晚些时候，在苏联发射斯普特尼克1号（Sputnik 1）之后，他又将该系统扩展到追踪未知的卫星。

1959年，伊斯顿继续设计海军太空监视系统，这是第一个定位和跟踪经过美国境内的任何轨道物体的雷达网络。在20世纪60年代末和70年代初，伊斯顿开发的技术是定位和跟踪从太空进入地球的物体，而之前他研究的技术是追踪从地面进入轨道的物体。为了建立全球定位系统，特定的轨道轨迹已经建立，并已在卫星上搭载了高精度时钟，如Timation 1和imation 2。1977年美国发射的导航技术卫星2（NTS2），成为第一颗发射GPS信

罗杰·伊斯顿

号的卫星。

　　根据狭义相对论和广义相对论，从地球上来看，轨道GPS卫星上搭载的时钟运行速度比地面上的时钟每天快大约38微秒。这种不一致可能会在GPS数据中产生距离可达10千米的误差，而且随着时间的推移会继续加大。伊斯顿和航空航天公司的伊凡·A.格廷（Ivan A. Getting），以及应用物理实验室的布拉德福德·帕金森（Bradford Parkinson）一起，设计了一种可以校正时差的系统，以提供精确的全球定位。

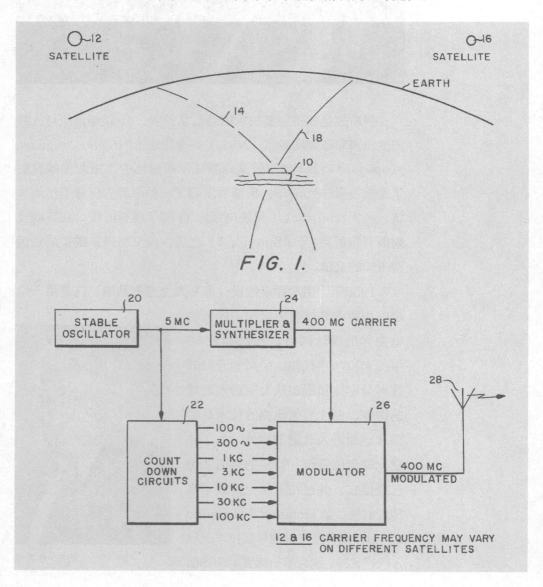

FIG. 1.

GPS于1995年全面投入运营，该系统拥有24颗卫星的网络。伊斯顿获得了乔治·W.布什颁发的2004年美国国家技术奖，并在2010年3月进入美国发明家名人堂。

工作原理　　1. GPS网络由三个主要部分组成：卫星、地面雷达站和GPS接收器。

2. 根据卫星的轨道，在任何给定的时间内，30多颗卫星的确切位置都是已知的。

3. 地面上的雷达站用于确保卫星进入预测的位置，并校正任何变化。

4. 电子设备（如智能电话）中的接收器接收这些卫星在头顶飞过时发出的无线电信号，并能准确地确定这个设备与卫星之间的距离。

5. GPS接收器必须锁定至少3颗卫星的信号来确定纬度和经度，并跟踪其运动。第4颗卫星可以确定接收器的海拔高度，如果它们正常可用的话，多颗卫星都被用来完善数据。

6. 地理位置数据被传输到电子设备的地图显示器上。

发明者的话　　"直到最近，天体导航技术为人类提供了最佳的陆地导航精度。通过引进人造地球卫星导航系统，人们对卫星的瞬时位置都能准确知道，一个新的导航精度等级成为可能。"

石墨烯

专利名称：**纳米级石墨烯板**
专 利 号：US 7071258 B1
专利日期：2006年7月4日
发 明 者：（俄亥俄州代顿市）张博增（Bor Z. Jang，中国台湾人）、黄文（Wen C. Huang，中国四川人）

用途 这个二维碳分子薄片，在原子尺度上堆积成六角形晶格，可以在分层后形成难以置信的坚固的复合材料，既能导热也能导电。

背景 石墨烯是单层碳分子，仅有一个原子厚度，呈六角形蜂窝状结构。它来自石墨块，就像你在铅笔里发现的那样，只是它很难被分成单层。1948年，透射电子显微镜拍摄了少量石墨层的图像并发表。

整个20世纪，科学家们一直致力于研究这种有趣的物质及其越来越薄的薄片。直到2004年，曼彻斯特大学的安德烈·盖姆（Andre Geim）和康斯坦丁·诺沃塞洛夫（Konstantin Novoselov）才提取到单层单原子厚度的石墨烯晶体。他们使用一种被称为"透明胶带技术"的方法，使用胶带从一大块石墨中剥离一层石墨烯并将其沉积在二氧化硅基质上。因"二维材料石墨烯的开创性实验"，盖姆和诺沃塞洛夫获得了2010年诺贝尔物理学奖。

2002年10月，张博增和黄文申请了美国专利号7071258 B1，并于2006年7月获得批准。该专利描述了其中首批提取石墨烯的方法之一，即通过一种片状剥落技术取得石墨烯薄层。专利上写道："更可取的是，所有长度、宽度和厚度值都小于100纳米。"然而，盖姆和诺沃塞洛夫剥离的石墨烯薄层只有一个原子那么厚，不到半纳米。

石墨烯具有许多有趣的特性，应用潜力很广。石墨烯层非常轻巧且强度高——比相同厚度的钢高约200倍。制造商和研究人员正在努力寻找一种大规模开发石墨烯结构的有效方法。

由于材料的耐热性、导电性和令人难以置信的高熔点——约为4626.85摄氏度，石墨烯被认为是计算机芯片中硅的替代品。石墨烯晶体管的电流传输速度可以比硅快几十倍，意味着计算机可以以更低的功率运行得更快。石墨烯材料还被用于制造高效太阳能电池板和快速充电电池。有关石墨烯应用的研究非常广泛，从医疗诊断设备、光学镜片、水过滤系统到飞机机身制造都涉及。随着制造方法的改进，石墨烯将更广泛地用于电子设备和制成品。

工作原理

1. 机械切割，也称为"透明胶带技术"，使用黏合剂薄膜从大块石墨中剥离出单层石墨烯。

2. 生产大批量的石墨烯可以采用其他化学工艺。

3. 在提取石墨片后，科学家将其悬浮在溶液中。

4. 用硫酸或硝酸氧化石墨片，在石墨烯的各层之间插入氧原子并迫使它们分开。

5. 然后，用约25纳米宽的薄膜过滤含有悬浮石墨烯层的溶液。

6. 控制过滤过程，当石墨烯晶体覆盖其中一个膜孔时，引导液体通过其他未堵塞的孔排出。

7. 通过覆盖膜中的所有孔隙，形成均匀的单层石墨烯。

8. 然后，将石墨烯用于玻璃或塑料等材料上，随即石墨烯膜被冲掉。

9. 最后用化学品胼处理薄膜，将氧化石墨烯转化为纯石墨烯。

发明者的话

"我想说，石墨烯有三个重要特征：首先，它是二维的，这是研究基础物理学的最佳数值；其次，它的质量来源于极强的碳——碳键；最后，该系统也是金属属性的。"

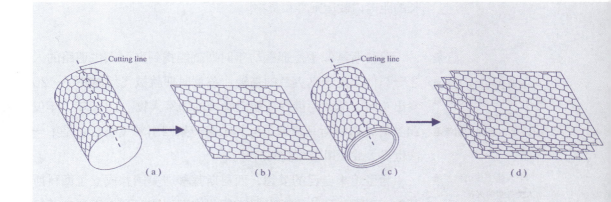

伊戈尔·西科斯基
乘坐的早期直升机

直升机

专利名称：直升机
专 利 号：1，994，488
专利日期：1935年3月19日
发 明 者：（康涅狄格州尼科尔斯）伊戈尔·I. 西科斯基（Igor I.Sikorsky）

用途

这款紧凑、多功能、由转子驱动的飞行器无需跑道即可起飞和降落，可在多个方向变速飞行、接近地面飞行，在相对较长的距离内载运乘客和货物。

背景

虽然西科斯基没有发明直升机，但他还是被认为是直升机之父，荣登1987年的美国发明家名人堂。

个人的工作仍然是推动人类进步的火花。

——西科斯基

西科斯基似乎是那些幼年时期就能找到自己人生道路的人之一。他出生于乌克兰的基辅，孩童时期就被飞行迷住了；20岁出头时，他成为俄罗斯航空领域的领军人物。1913年，年仅24岁时，西科斯基建造了世界上第一架四引擎飞机，它是第一次世界大战所用轰炸机的前身。

为了追求自己的梦想，西科斯基移居美国并成立了西科斯基航空工程公司。从20世纪20年代中期到1940年，西科斯基制造了各种大型载客水陆两栖飞机。他的"飞艇"为自己赢得了成功和名望——更重要的是，为自己在美国航空领域赢得了极大的信誉。

一直以来，西科斯基一直对成功制造一架直升机很感兴趣，并致力于发明直升式单旋翼飞机；20岁在俄罗斯时，他曾试图建造一架，但没成功；30年后，他的决心有了结果：1939年9月14日，VS-300进行了首次飞行。第一架成功的商用直升机从此成了单旋翼直升机的原型，也是世界上用途最全的飞机，西科斯基被视为历史上在航空领域最重要的贡献者之一。

工作原理

1. 直升机顶部的一个旋转式螺旋桨可产生必要的升力，并且可以倾斜地操纵飞行器。

与飞机不同，直升机可以向后飞，在半空中盘旋和旋转，它只需要最少的起飞和降落空间。

2. 尾部较小的旋转式螺旋桨提供转向机构。

3. 虽然看起来相对简单，但操作直升机需要大量的协调和练习，以及双脚和双手的使用。

4. 设置单手控制和操作直升机的横向方向，通过倾斜主螺旋桨来完成。

5. 另一个手动控制器操作直升机的垂直方向，通过调整主螺旋桨的速度来完成。

6. 两个脚踏板控制尾桨，尾桨充当直升机的方向舵。

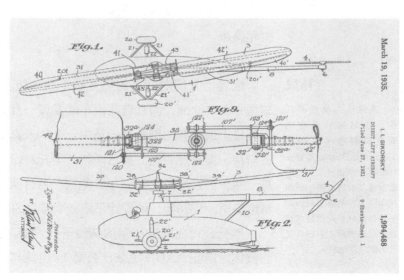

发明者的话　　"本发明的目的是，通过动力装置或依靠空气改变航向，成功解决直升机的扭矩补偿、转向和动力的应用，以实现垂直升降。"

　　"本发明的另一个目的是，发明一种廉价、简单和易操作的方法来控制横向和纵向稳定性的飞行器，并积极地引导它在各个方向上飞行。"

内燃机

专利名称：燃气发动机

专 利 号：365,701

专利日期：1887年6月28日

发 明 者：（德国莱茵河畔道依茨公司）尼古拉斯·奥古斯特·奥托（Nikolaus August Otto）

用途　　提供一种用于点燃燃气发动机的装置，其中的气体在点火前进行压缩。奥托的发动机是内燃机的原型。活塞在封闭的容器内吸入并压缩内部的气体——空气混合物。火花点燃混合物引起膨胀。

背景

通常认为奥托的同乡，也是他的亲密同事戈特利布·戴姆勒（Gottlieb Daimler）曾在1885年使用奥托公司的引擎制造了世界上第一辆摩托车。戈特利布·戴姆勒一直是奥托公司的技术总监，后来继续完善研发自己的燃气发动机。

　　世界上人们对汽车的热爱始于在大街上奔驰的第一款伏特车型：T Fords，而且自此汽车的发展一直势头强劲。然而，汽车历史上最重要的创新之一是由一个从未真正参与汽车制造的奥古斯特·奥托发明的。奥古斯特·奥托对设计引擎产生兴趣之前是一名旅行推销员。1864年，他与一名合伙人创办了一家发动机制造公司。1876年，他设计了第一个实用的四冲程内燃机。

　　奥托公司在此后10年内销售了超过3万台新式发动机，现在它被称为Deutz AG（道依茨公司）。奥托与人共同创办的公司是最古老的内燃机制造企业。为纪念发明者而被命名为"奥托循环发动机"的装置仍然是今天发动机的典范。的确，在漫长的汽车发展史上，内燃机，即使不是真正的起点，也是一个重要的里程碑。

工作原理　使用活塞来促进内燃机的以下四个冲程：

1. 进气阀打开，将空气和气体的混合物吸入汽缸。
2. 将混合物在汽缸中压缩。
3. 压缩气体在汽缸中膨胀。
4. 打开一个阀门以释放废气。

发明者的话　　"该发明是对一种燃气发动机点火装置的改进——点燃燃气发动机内的压缩气体。

"该装置包括一个紧压在汽缸滑动面上的滑动装置，通过弹簧拉动一个松散盖板运动，经由发动机轴进行适当的齿轮传动。这种滑动装置设有滑动杆和设定好的通道，见下面的附图，其中——

"图1（Fig1）显示了点燃汽缸时此设备的水平截面；图2

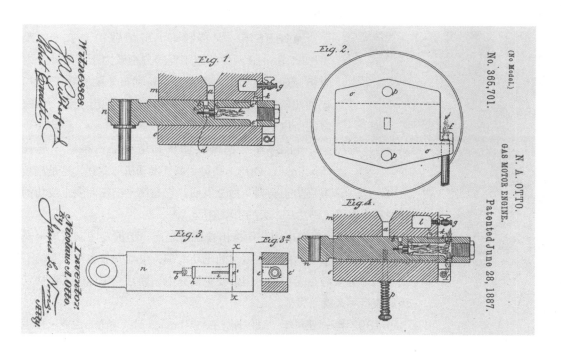

（Fig2）显示了一个侧视图；图3（Fig3）显示了滑动装置的内表面，图3a显示了横截面；图4与图1显示相同的视图，其中滑动件位于其最右侧位置。"

汽车时代大事年表

也许没有其他发明能像汽车一样改变了这么多人的生活。汽油发动机的普及和易用性带给人们行动的自由，并永远改变了全球的面貌。但没有人可以声称自己拥有这份荣誉，即发明了我们今天所知道的汽车：汽油动力汽车的发明是历史上众多创新的结果，最早可以追溯到18世纪。

1769年—1770年 第一辆非马拉的公路车辆由法国军事工程师尼古拉斯–约瑟夫·库格诺（Nicolas-Joseph Cugnot）制造完成。他制造的一辆客车和一辆货车都是由蒸汽驱动的。然而，蒸汽动力车辆很快被认为太危险且脏乱，对于在常规街道上行驶来说声音很嘈杂。于是，工程师们开始寻找产生新的车辆动力的方法。

1860年 在比利时出生的法国人让–约瑟夫–艾蒂安·勒诺阿（Jean-Joseph-étienne Lenoir）获得第一个可行的内燃机专利。与蒸汽机类似，这个单缸发动机以路灯煤气为燃料，并由蓄电池点火，主要用于给机器提供动力。但事实证明，他的发明对于日常使用过于笨重。售完约500台发动机后，勒诺阿死于贫困。

◀**1885年** 戈特利布·戴姆勒和卡尔·本茨（Karl Benz）两位德国工程师分别致力于开发基于内燃机原理的发动机。后来，戈特利布·戴姆勒于1890年创建戴姆勒汽车公司，并于1901年推出了第一辆梅赛德斯汽车。

1887年 德国发动机制造商尼古拉斯·奥托（Nikolaus Otto）获得"燃气发动机"专利，这是汽车发展史上一项革命性发明。它是第一个在商业上成功的四冲程内燃机，仍然是今天的引擎原型。

1901年，阿道夫·戴姆勒（Adolph Daimler）和他的妻子、戈特利布·戴姆勒的儿子、梅赛德斯（Mercedes）一起乘坐奔驰35 PS

1891年 早在丰田公司推出普锐斯之前，美国发明家威廉·莫里斯就推出了第一款由电池驱动的电动汽车，电池安放在汽车座椅下面。虽然它安静且无污染，但需要频繁充电，而且充电速度不够快。因此流行不久就消失了。

1893年—1994年 查尔斯·E.（Charles E.）和J.弗兰克·杜里

亚（J. Frank Duryea）兄弟在美国推出了第一辆汽油动力汽车，后来成立了杜里亚汽车公司，该公司是美国第一家生产燃气动力的汽车公司。

1895年 法国米其林公司推出了充满压缩空气的橡胶轮胎，第一次让汽车能平稳地行驶。

1896年 亨利·福特制造了第一辆成功的汽油动力汽车，它是T型车的早期原型。

1901年 在得克萨斯州东部发现巨大的油田，汽油价格更便宜，更容易获得，这有助于加速汽车普及。

1897年，第一辆奥尔兹莫比尔汽车

◀**1901年** 兰森·E.奥尔兹（Ransom E.Olds）开始大规模生产他的同名汽车——奥尔兹莫比尔。它的特色是有着弯曲的仪表板，使汽车有了时尚感。

1903年 亨利·福特（Henry Ford）在密歇根州成立了福特汽车公司。

1904年 亨利·M.利兰（Henry M.Leland）的凯迪拉克汽车公司开始制造具有可互换零部件的汽车，帮助简化生产流程。

◀**1908年** 亨利·福特推出了标志性的T型车，被亲切地称为Tin Lizzie。此后20年，T型车销量超过所有其他汽车。

1911年 查尔斯·F.凯特灵（Charles F.Kettering）发明了电子启动器。这项巧妙的发明让驾驶员以电子方式启动汽车，而不是使用当时标准的笨重的手摇曲柄。

1938年，欧内斯特·A.弗兰卡（Ernerst A.Franke）驾驶他的1921T型车去往白宫，向正在访问罗斯福总统的亨利·福特展示他的汽车

1913年 亨利·福特的汽车厂安装了一条流水装配线，增加汽车制造的速度，降低了最终产品的成本，让大众买得起汽车。

1914年 美国汽车制造商同意交叉授权，即共享专利的系统，无需相互支付信息费用。这种合作精神有助于加速20世纪早期汽车制造业的创新——但遗憾的是，该交叉许可系统于1956年终止。

1918年 马尔科姆·拉夫黑德（Malcolm Loughead）发明了液压四轮制动系统，让驾驶员更简单、更安全地停车。

1922年 引入了被称为气球轮胎的低压轮胎。减少压力使汽车驾驶更舒适。

1939年 技术的进步使驾驶汽车和长途驾驶变得容易。全自动变速箱无须手动换挡，减少了体力消耗，而空调系统有助于控制汽车内部的舒适度。

1956年　德怀特·艾森豪威尔（Dwight D. Eisenhower）总统颁布了1956年的《联邦公路援助法案》。该法案专门指定联邦基金完成美国的全国高速公路网络。

1968年　为了控制环境污染，美国规定：汽车必须配备减少尾气排放的装置。

1975年　全球石油短缺导致美国国会通过了一项法律，要求汽车更省油。

1997年及以后　丰田公司推出了批量生产的普锐斯，一款将汽油发动机与电动马达结合在一起的混合动力汽车。2000年，本田公司混合动力汽车Insight紧随其后。汽车制造商开始探索其他替代能源，如燃料电池，它以氢气为燃料，只产生副产品——水。未来的汽车肯定会比以往任何时候都更少污染、更省油。

iPhone（苹果手机）

专利名称：电子设备

专　利　号：US D672769 S1

专利日期：2012年12月18日

发　明　者：（加利福尼亚州库比蒂诺市）巴特利·K. 安德烈（Bartley K.Andre）、丹尼尔·J.科斯特（Daniel J.Coster）、丹尼尔·德·尤利斯（Daniele De Iuliis）、理查德·P. 霍沃斯（Richard P.Howarth）、乔纳森·P. 伊夫（Jonathan P.Ive）、史蒂夫·乔布斯（Steve Jobs）、邓肯·罗伯特·克尔（Duncan Robert Kerr）、西堀晋（Shin Nishibori）、马修·迪恩·罗尔巴赫（Matthew Dean Rohrbach）、道格拉斯·B. 萨茨格（Douglas B. Satzger）、卡尔文·Q. 赛义德（Calvin Q.Seid）、克里斯托弗·J. 斯金格（Christopher J.Stringer）、尤金·安东尼·黄（Eugene Antony Whang）和里科·佐肯多夫（Rico Zorkendorfer）

用途　这款触屏手机还可用作互联网浏览设备和媒体播放器——掌上电脑。

背景

史蒂夫·乔布斯

有史以来最模糊的专利之一，仅命名为"电子设备"，实际上就是原版苹果手机（iPhone）。虽然乔布斯于2007年在旧金山Macworld Expo（麦金塔世界博览会）上推出了iPhone，但直到2012年12月才获得专利。该专利包括8个图表，但唯一的书面描述是："如图所示和描述的电子设备的装饰性设计。"其中还包括一长串iPhone上使用的技术专利、少数几个已授予苹果公司的专利，以及8张简单的图表，展示了迄今为止21世纪最具革命性的消费科技产品的基本形状和结构。

第一款iPhone主要是铝制的，虽然材料和内部电子设备都进行了升级，但总体设计在10年内基本保持不变。自第一代iPhone问世以来，每部iPhone都保留了手指驱动的触摸屏，屏幕的底部有一个主页按钮（home键）（不过这在未来的iPhone中被放弃），背面有摄像头、扬声器、麦克风，左边有音量控制器。最初的iPhone设计是为了将MP3播放器、手机和互联网接入功能整合在一个设备里。随着手机功能的发展和成长，整个行业开始兴起开发iPhone应用程序的活动对该设备最准确的描述为掌上电脑。

许多与iPhone及其主要功能相关的其他专利都已经被授予。2009年1月，美国专利号7,479,949B2被授予史蒂夫·乔布斯及其公司，专利中描述了一个基于启发式过程的触屏界面——此界面设计了使用户可以轻松地自学操作该设备的教程。该专利还描述了Rational控件，比如在屏幕上通过滑动来进行页面的转换，并使用两个手指来对界面放大或缩小。制造一台设备，使任何人都能学会并本能地学习使用，这一想法成为iPhone和iPad产品家族背后的驱动思想。

2016年7月，在当年9月发布iPhone 7之前，苹果公司售出了第10亿部iPhone。截至2016年，在全球74亿人口中约有26亿智能手机用户。到2020年，这个数字有望增加到60多亿，超过当年世界预计人口的75%。苹果手机的iOS系统和谷歌公司开发的安卓（Android）操作系统，在全球绝大多数智能手机中得到应用。智能手机的普遍使用从根本上改变了人类导航、交流、获取信息，甚至思考的方式。

工作原理　　1. iPhone使用多种由锂离子电池供电的电子产品，并通过触摸屏界面进行控制。

2. 该设备的核心是芯片上的系统，即SoC，它把计算机的各个部件集成到一个芯片中，包括多个处理器内核、内存块和连接电路。

3. 多个电子元件由中央处理器控制，包括显示屏、数码相机、GPS电子设备、有线连接端口、无线、蓝牙和蜂窝连接硬件。

4. 可以通过苹果公司的App Store下载第三方开发的应用程序来增加设备的功能。

5. 用户界面源自触摸屏，触摸屏可以选择应用程序图标，还可以使用电子键盘进行输入。

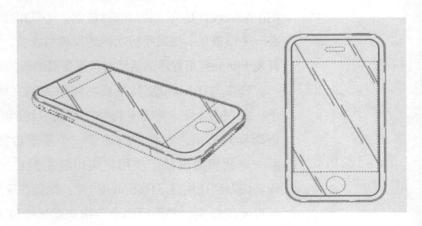

发明者的话　　"2001年，我们推出了第一款iPod，而且……它不仅改变了我们所有人听音乐的方式，还改变了整个音乐行业。今天，我们要介绍这一类产品中的三种革命性产品。第一个是带有触控功能的宽屏iPod。第二个是革命性的手机。第三个是突破性的互联网通信设备。那么，有三件事——带触控的宽屏iPod、

革命性的手机和一个突破性的互联网通信设备；一部iPod、一部电话和互联网通信，一部iPod、一部手机……你明白了吗？这些不是三个分开的设备，而是一个设备，我们称之为iPhone。今天，就在今天，就在这里，苹果（公司）将彻底改造这款手机。"

灯泡

1880年的托马斯·爱迪生

专利名称： 电灯泡
专　利　号： 223,898
专利日期： 1880年1月27日
发　明　者：（新泽西州门洛帕克市）托马斯·爱迪生

用途　　　　由电力驱动，通过玻璃球内部的发光灯丝提供光线。

背景

1882年9月4日，第一座商业电站开始向曼哈顿下城区2.59平方千米范围内的客户提供照明和用电。

　　爱迪生是一个天才，一生有很多发明，但是电灯泡并不完全是他自己创造的。世界上许多发明者一直在试图用某种灯泡取代煤气灯。事实上，与爱迪生同时代的英国人约瑟夫·斯旺（Joseph Swan）在这方面领先一步。斯旺在1878年展示了世界上第一个电灯泡。在此之前还有几个人——加拿大人亨利·伍德沃德（Henry Woodward）和他的搭档马修·埃文斯（Matthew Evans）为一种灯泡申请了专利，但他们没有足够的资金将他们的发明商业化。爱迪生在那时已经功成名就，他买下了这项专利权。

　　但爱迪生并不是简单地用自己的方式购买另一项发明。他以惊人的速度发明了各种各样的元件以确保他的发明能够在商业上取得最辉煌的成功。

　　最终，爱迪生的新电灯亮了两天四十分钟。那盏灯熄灭的那天通常被认定是第一次商业化实用灯泡诞生的日期——1879年10月21日。到1880年，爱迪生发明了一种16瓦的白炽灯泡，可发光长达1,500小时。

工作原理

白炽灯泡——那些由于加热而发光的灯泡，其热量效率低于当今很多的创新产品，如霓虹灯、荧光灯和LED（发光二极管）灯。传统灯泡在加热灯丝时消耗更多的热量，这个过程会浪费电能。一个60瓦的白炽灯泡可以持续发光约750小时，其光量少于一个产生同样亮度的紧凑型荧光灯的十分之一。

1. 将玻璃吹入球状模具中。

2. 拉出细线或细丝并缠绕成双线圈。

3. 灯丝的两端与嵌入玻璃结构支架中的电源线连接。

4. 将该支架插入灯泡中，将两个玻璃部件熔合在一起。

5. 支架中有一根管子，用来把灯泡内部的空气换成稀有气体。

6. 管子被切割，开口被密封，并连接灯泡的底座。

7. 电流从一个接触面流向另一个接触面，通过导线加热钨丝，然后钨丝就会发光。

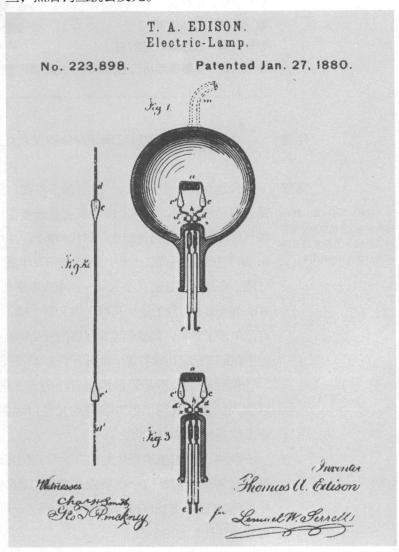

"请大家知道，我，托马斯·阿尔瓦·爱迪生，来自美利坚合众国新泽西州的门洛帕克，发明了一种改进电灯的方法，以及制造这种电灯的方法。"

"本发明的目的是生产发光的白炽灯，其中灯具应具有较高电阻，以便于电灯的实用细分。"

发明家简介

爱迪生

（1847—1931）

如果没有关于爱迪生的简介，任何关于专利的书都是不完整的。爱迪生在一生中共获得了1,093项专利——这是美国专利局授予个人的专利数量之最。此外，他还从数十个国家获得了数千项专利。他的发明有助于推动电灯、留声机、电报、电话、电影等技术的发展。他还建立了最早的一些现代研究实验室，一些科学家认为这是他丰富遗产中最重要的贡献。

1847年，爱迪生出生于俄亥俄州米兰市，是家中7个孩子中最小的一个。虽然他是一个勤奋聪明的孩子，但很可能就是一次偶遇才让他走上发明创造的道路。15岁的时候，爱迪生碰巧从迎面而来的火车边救了一个报务员的儿子。为了感谢他，该男孩的父亲免费教他收发电报。这帮他在西联电讯公司谋得了一份工作，这份工作反过来唤醒他一生对机械、电子和化学的兴趣。

1868年，爱迪生移居波士顿继续担任电报员。在那里，他展示了自己创新能力的一些初步迹象：他提出了改善城镇火灾报警系统的计划，为业务上依赖电报的股票经纪人提高了电报打印输出技术。第二年，爱迪生搬到了纽约市，他与金融和工业领域的杰出领袖建立了更多的友谊。这些联系后来帮助他开展与他的发明相关的众多商业活动并起到关键作用。例如，1870年，他搬到了新泽西州的纽瓦克，以自己帮助开发的技术为基础，与人共同创办了一家股票代码制造公司。但直到1876年，当他建立了著名的门洛帕克实验室时，这些发明才开始迅猛发展。

多年从事电报工作的经历使爱迪生成为这方面的专家，他也经常摆弄亚历山大·格雷厄姆·贝尔（Alexander·Graham Bell）获得专利的新电话技术——贝尔让电报能"说话"。在他最早的一项重大发明中，有一个技术是对电话发射器进行了微调，让声音传递更响亮、更清晰，从而使打电话更简单、更实用。接下来，1877年，他有生以来最引人注目的一项发明问世：留声机。录制和回放声音、音乐，这在

20世纪20年代，爱迪生在他的实验室里做实验

当时看起来几乎是不可思议的。由此,他赢得了世人的认可以至誉满全球。

　　这些专利似乎还不足以满足爱迪生。第二年,他又冒出了最聪明的想法之一:发明电灯。世界各地的发明家已经在试验碳弧灯,这种灯能产生明亮的强光,但只能持续很短的一段时间。当然,爱迪生超越了他们,他发明的白炽灯通过灯丝传导电流,使灯丝发光。这种照明方式比碳弧灯的照明方式更安全、持久,更适合家庭使用。1879年,爱迪生和他的同事们想出:用烧过的缝纫线制作碳丝,现代灯泡的前身自此诞生了。到1880年,爱迪生已经发明了一个可以发光长达1,500小时的16瓦灯泡。他还带头创建了一个为家庭和企业提供电灯照明所需电力的行业。最终,他和其他行业领袖于1892年联合成立了通用电气公司。

　　随后,爱迪生又有许多其他的发明和对现有技术的升级改进:帮助创立了电影工业,建立了铁矿石加工厂,设计和改进电池,并冒险涉足水泥等行业。他无疑是那个时代最伟大的科学天才之一,但他谦虚地驳斥了自己很有天赋的这个说法,并将他的成功归功于勤奋。正如他常说的那样:"天才是百分之一的灵感加上百分之九十九的汗水。"

核反应堆

专利名称:中子反应堆

专 利 号:2,708,656

专利日期:1955年5月17日

发明者:[新墨西哥州圣达菲(Santa Fe)市]恩利克·费米(Enrico Fermi)、(伊利诺伊州芝加哥市)利奥·西拉德(Leo Szilard)

　　我不知道第三次世界大战会用什么武器,但我知道第四次世界大战将用棍棒和石头战斗。

　　　　　　　　　　　　　　　　　　　　　　——爱因斯坦

原子弹爆炸

用途　　该设备启动并控制自我维持的核链式反应，产生的大量能量通常用于发电——但它也被用作大规模杀伤性武器。中子和裂变的副产品被应用于各种军事、实验和医疗目的。

背景

1945年8月6日，在新墨西哥州7月份的测试仅仅三周后，一颗原子弹落在日本广岛。成千上万的人当场死亡，65％的城市建筑被毁。包括一年内因核辐射死亡人口在内，这次爆炸的死亡人数超过15.5万人，这次爆炸实际上结束了第二次世界大战。

　　1938年，德国科学家奥托·哈恩（Otto Hahn）、莉泽·迈特纳（Lise Meitner）和弗里茨·斯特拉斯曼（Fritz Strassmann）发现用热中子轰击铀原子的原子核时，原子会分裂。在分裂一个铀原子时，自发形成的额外的中子可以用于分裂更多的铀原子。这种潜在的连锁反应是一个令人难以置信的发现。随着它分裂成碎片，像铀同位素这样的重原子核可以释放出数亿电子伏的能量。这一发现——一种将质量转化为能量的方法，促使各国间开始了制造原子弹的竞赛。

恩利克·费米

从1939年到1945年，20多亿美元被用于当时被称为"曼哈顿计划"的项目。在新墨西哥州的洛斯阿拉莫斯，罗伯特·奥本海默（Robert Oppenheimer）领导的这个计划是美国的绝密项目，其中数十位杰出的科学家参与其中，包括意大利物理学家和诺贝尔奖获得者恩利克·费米和他当时在芝加哥的一家秘密实验室工作的匈牙利同事利奥·西拉德。他们面临很多挑战：所需的铀-235难以提取，又与铀-238几乎完全相同。作为同位素，它们的化学成分相似，而且普通的提取方法无法有效地将它们分离。科学家们需要开发一种机械手段来分离它们，以及一种能产生自我维持的核链式反应的方法。费米和西拉德于1944年为他们的发明申请了专利，但直到1955年，费米去世6个月后才获得批准。

虽然最初的目的是制造大规模杀伤性武器，但是今天的核反应堆成为可行的能源，为全世界提供了17%的电力资源。全球大概有400座核电站，其中美国有大约100座。

工作原理

最严重的核事故发生在1986年，地点在现在的乌克兰，当时属于苏联。切尔诺贝利核电站的四个反应堆中的一个因链式反应失控而爆炸。爆炸冲开反应堆的钢结构和混凝土结构盖子，释放大量辐射物，造成30多人丧生，13.5万人被疏散。

核反应堆能够在临界质量以下发生大量但有限次数的后续核裂变。通常，这种反应堆是基于以下几种类型的变化：

1. 成束的铀棒作为极高能量的热源被浸在水中。

2. 吸收中子的控制棒被插入铀束中。

3. 升高控制棒会使铀核产生更多热量，降低控制棒会减少热量的产生。

4. 水变成了蒸汽，蒸汽驱动涡轮机，涡轮机又带动发电机转动。

5. 反应堆的受压容器安装在防辐射混凝土衬里内，内有反应堆堆芯和其他关键操作部件。

发明者的话

"我们已经发现了一些基本原理，这些原理是成功建造和运行自我维持中子链式反应系统（中子反应堆）所必需的，能以热的形式产生能量。根据上述申请中阐述的手段和方法所做的测量已经确认了这些原理的有效性。按照这些原理，中子反应堆已经建成并在各种功率输出下运行，这将在下文中更全面地加以说明。"

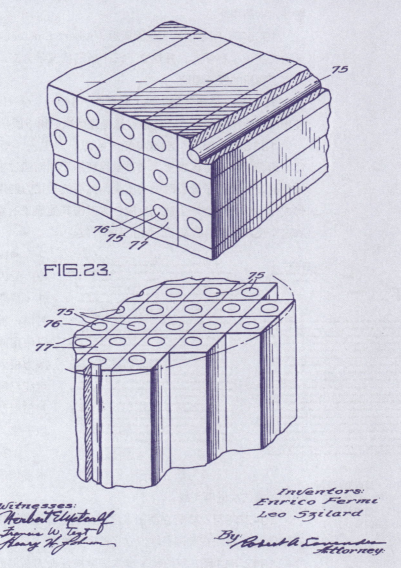

FIG.23.

Inventors:
Enrico Fermi
Leo Szilard

By: _Robert A. Lavender_
Attorney:

Witnesses:
Herbert E Metcalf
Francis W. Tegt
Henry W. Johnson

原子年代大事年表

1896年 安托万·亨利·贝克勒尔（Antoine Henri Becquerel）进行了辐射研究，两年后法国物理学家玛丽·居里（Marie Curie）也进行了鼓舞人心的实验。

1898年 玛丽·居里与她的丈夫皮埃尔（Pierre）一起发现了放射性元素镭和钋。

1905年 阿尔伯特·爱因斯坦（Albert Einstein）发表了三篇科学论文震惊了科学界，并建立了三个新的物理学分支。其中一篇论文证实了物质的原子理论。

1911年 格奥尔格·冯·赫维斯（Georg von Hevesy）想出了使用放射性物质作为"示踪剂"。该原理后来应用于医学诊断。

1938年 德国科学家奥托·哈恩、弗里茨·斯特拉斯曼和莉泽·迈特纳演示了核裂变，向科学界展示了如何通过中子轰击铀原子进行分裂。铀原子分裂时失去质量，然后被转化为能量。当其他中子形成时，该过程会产生链式反应，去轰击其他原子的原子核。很快，在这个反应过程的启发下开始了武器开发。

阿尔伯特·爱因斯坦写给富兰克林·罗斯福总统的信件，信中解释了如何利用铀的链式反应制造原子弹

◀**1939年** 阿尔伯特·爱因斯坦给富兰克林·罗斯福总统写了一封信，提醒道，美国可以使用原子能制造一枚威力极大的炸弹，德国可能已经在这样做。这封信促使美国开始发展原子弹。

1941年12月 日本轰炸珍珠港，挑动美国加入第二次世界大战。

1942年9月 要赶在德国人之前研制出原子弹，美国制定了"曼哈顿计划"，很快在美国各地设立了秘密实验室。

1942年11月 罗伯特·奥本海默被任命为新墨西哥州洛斯阿拉莫斯原子弹实验室主任。

1942年12月 芝加哥大学的恩利克·费米和同事实现了第一次持续的核链式反应，预示着原子时代曙光的到来。

爆炸25秒后的"三位一体"试验照片

◀1945年7月　来自洛斯阿拉莫斯实验室的科学家引爆了第一个带有钚核的原子弹，核芯释放的能量高达1.86万吨TNT炸药爆炸时的能量。该测试被称为"三位一体"测试。

1945年8月　美军在日本投下两颗原子弹：8月6日，美军在广岛投下第一颗原子弹，造成7万人伤亡；三天后，在长崎投下第二颗原子弹，造成4万人死亡，6万人受伤。日本投降，第二次世界大战结束。

1946年3月　温斯顿·丘吉尔宣称，苏联在欧洲制造了"铁幕"。到这个十年结束时，美苏紧张局势升级为众所周知的冷战。

1946年7月　美国在太平洋比基尼环礁进行了核弹试验。

1949年　苏联进行了第一颗原子弹试验。

1950年　哈里·杜鲁门总统下令原子能委员会调查制造氢弹的可能性。

1951年　爱达荷州阿科的美国国家反应堆试验站利用核能发电。

1954年　美国通过了1954年《原子能法》，这一措施旨在促进核能的和平利用。

1957年　第一座全能的核电站在宾夕法尼亚州希平港开始运营。

1961年　肯尼迪总统敦促美国人建造防空洞以防核战爆发。

1963年　美国和苏联签署了《部分禁止核试验条约》，该条约禁止在水下、大气层和外层空间进行核试验。地下核试验未被禁止。

1968年　签署了《不扩散核武器条约》，禁止各国制造或协助其他国家制造核武器，尚未拥有核武器的国家承诺不制造核武器。到1986年，已有130个国家加入了该条约。

1978年　美国放弃了开发中子弹的计划，中子弹是一种专门类型的氢弹，它能摧毁所有生命，却能使建筑物完好无损。

1979年　宾夕法尼亚州哈里斯堡附近的三哩岛核电站遭遇了部分熔毁，造成低含量的放射性物质泄漏。

1983年　美国签署了1982年《核废料政策法》，启动了核废料储存库的发展。

1986年　苏联的切尔诺贝利核反应堆发生熔毁并燃烧。生活在30千米范围内超过13.5万人被撤离，大量放射性物质被释放到环境中。

1990年　欧洲安全与合作会议召开，冷战正式结束。

1993年　能源部将注意力转向清理核污染。虽然精准把控的核武器库仍然存在，但被认为是对大规模战争的威慑，目的不是侵略。

2006年及以后　朝鲜核试验取得成功，并且正在发展导弹技术，引起国际社会关注。

青霉素

专利名称：**青霉素的制作方法**

专 利 号：2,442,141

专利日期：1948年5月25日

发 明 者：（伊利诺伊州皮奥里亚市）安德鲁·J. 莫耶（Andrew J. Moyer），该专利权已转让给美国，并由农业部长作为代表接收

用途　　　提供一种实用的、商业上可行的方法来批量生产用作一种抗生素的青霉素。

背景　　　青霉素源于青霉菌，1928年，亚历山大·弗莱明（Alexander Fleming）爵士发现面包霉菌可以杀死细菌菌落。这个发现及他依此得出的结论在医学史上至关重要：发现了可以用来杀死人体内致病细菌的天然物质。青霉素将被证明是其中最重要的抗生素之一。难题在于，如何从青霉菌中提取抗生素，因为这费时长而且提取量少。

20世纪50年代末，麻省理工学院教授约翰·希恩（John Sheehan）能够成功合成青霉素。希恩一生中获得了数十项专利。他致力于各种各样的发明，包括制作火箭使用的炸药和鱼雷弹头。

在第二次世界大战期间，为了治疗越来越多的伤员，对青霉素的需求日益迫切。科学家们努力寻找有效的生产方法，并尝试了两种：一种方法是合成药物，研究人员努力找出抗生素的分子结构来合成复制它；另一种方法是加快生产天然抗生素本身。

一千多名科学家试图揭开青霉素神秘的分子结构来合成这种分子，都以失败告终。与此同时，国际社会的努力集中在发展大规模生产天然抗生素的手段上。微生物学家安德鲁·莫耶（Andrew Moyer）在美国领导这项研究。莫耶在乳糖和玉米浆中培养霉菌的过程中发现，他可以成功地并且大大加快抗生素生产。虽然他的技术直到1948年才获得专利，但它在战争期间挽救了成千上万人的生命。

青霉菌是一种常见的真菌，与温暖潮湿的天气里面包上长出的霉菌稍有差异。

工作原理　　　在乳糖和玉米浆中培养青霉菌。

发明者的话　　　"这个申请是根据1883年3月3日的法案提出，依据1928年4月30日的法案修改，此处描述的发明，如果获得专利，可由美国政府制造或用于美国政府，而无需向我支付任何特许权使用费。"

　　　"青霉素是一种可以从特异青霉中提取的杀菌或抑菌化合物，弗莱明是第一个观察到培养皿内特异青霉对于周边细菌菌落有抑制作用的人。青霉素在治疗众多感染上拥有极具应用价值的抗菌性能，对抑制或杀死革兰氏阳性葡萄球菌、肺炎球菌、淋球菌和许多链球菌特别有效。"

　　　"我找到了一种方法，可以增加青霉素培养液中青霉素的含量，如从特异青霉、产黄青霉、杆状青霉和蓝棕青霉等各种青霉菌中提取，产量比先前的技术多出很多倍，并且在商业上将青霉素用作治疗剂更加可行。"

制冷设备

20世纪30年代
的电冰箱

专利名称： 制冷装置
专 利 号： 1,886,339
专利日期： 1932年11月1日
发 明 者： （俄亥俄州代顿市）查尔斯·F.凯特琳（Charles F.Kettering）

用途　　　提供一种更安全的冷藏易腐物品的方法，可更长时间保持食物安全、可食用且美味可口。

早在该专利发布之前，人们就使用冷藏技术了。古代人就设计出了在冷藏库保存肉类的方法。19世纪初的英格兰已经使用冰盒，后来发展为使用气体压缩技术产生能吸热的液态气体。到了20世纪20年代，第一批气体压缩式电冰箱已经上市了。不过，压缩后用作制冷剂的一些有毒气体泄漏后被证明是危险的，在某些情况下是致命的。

1928年，工业巨头和发明家查尔斯·富兰克林·克德林当时在北极（Frigidaire）公司工作，致力于开发更安全的制冷剂，结果找到了氟利昂。它催生了一种新的制冷方法，后来成为被广泛采用的制冷标准。这项专利代表了第一次商业上成功采用这种新气体的制冷方法。

如下图所示：

工作原理

1. 两个发电机吸收器（10）和（11）内填充吸收剂。
2. 吸收器通过电路连接到相应的蒸发装置。

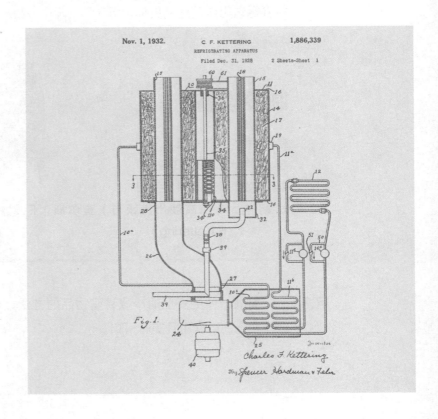

3. 当一个发电机吸收器被加热而另一个被同时冷却时，液态制冷剂流向蒸发器。

4. 液体冷凝，气态制冷剂从蒸发器中排出。

发明者的话　"加热发电机吸收器的装置是燃烧器（22），它可以放置在由管道（15）提供的烟道的下端。 冷却发电机吸收器的装置是一个与风扇或鼓风机（24）相关的烟道，它可以引导空气流通过烟道（15）。如图所示，鼓风机是离心式的，其进气口位于连接件（27），但特定形式的空气移动装置对本发明并不重要。"

火箭

专利名称： 火箭装置
专 利 号： 1，102，653
专利日期： 1914年7月7日
发 明 者： （马萨诸塞州伍斯特）罗伯特·H．戈达德（Robert H.Goddard）

用途　这种独立的抛射物通过一系列燃烧推进自身持续飞行。

背景　戈达德是现代火箭科学之父。当世界上大部分地区可能还在对飞机载着人类在天空飞行感到敬畏时，戈达德已在进行帮助人类越过天空进入太空的实验。

该专利首次阐明了戈达德著名的火箭推进理论。戈达德在获得这项专利一年之后，证明了如何在真空中产生推力，人类向太空飞行又迈进了一大步。他的专业

罗伯特·H.戈达德

知识首先应用于现有的军事领域。第一次世界大战期间，他开发了固体燃料火箭发射武器。该专利适用于使用固体燃料的火箭。后来他开发了液体燃料火箭，用于协助飞机从海军航空母舰上起飞。他于1945年去世，仅仅几年后，第一枚火箭成功发射升空。

该专利中描述的装置是专门适用于携带照相装置的火箭。火箭完成飞行后，第二个推进装置通过辅助火箭将记录设备送入空中。虽然戈达德在专利中没有详细说明，但他提到了这样的装置可以通过降落伞安全返回地球。

如第53页图所示：

工作原理

1. 火箭在点火或爆炸引发了一系列燃烧，并推动火箭持续飞行。

2. 在图1（Fig1）中，火箭的横截面显示了一个燃烧室（12），其底部有一个锥形管（11）。

3. 在管道内，点燃引信（14）。

4. 燃烧室内的一系列旋转圆盘通过连续的爆炸产生运动。

5. 图3（Fig3）描绘了一个圆盘，其外围包括一个细丝（18），其用途是点燃磁盘上安装的炸药。

6. 当主火箭的推进剂充分耗尽时，第二个引信点燃较小的火箭。

7. 辅助火箭从发射管（24）中射出。

8. 在火箭头（29）内，设置一个支架，用以装载记录仪器或相机。

发明者的话

"数学分析表明，在任何给定质量的火箭装置中，所需的推进剂根据一个表达式而变化。该表达式中推进剂的热能转化为动能的百分比以指数关系呈现。因此，转化过程中任何效率的提高都带来装置的速度大大增加，同时，可减少燃料的使用量。"

R. H. GODDARD.
ROCKET APPARATUS.
APPLICATION FILED OCT. 1, 1913.

1,102,653.

Patented July 7, 1914.

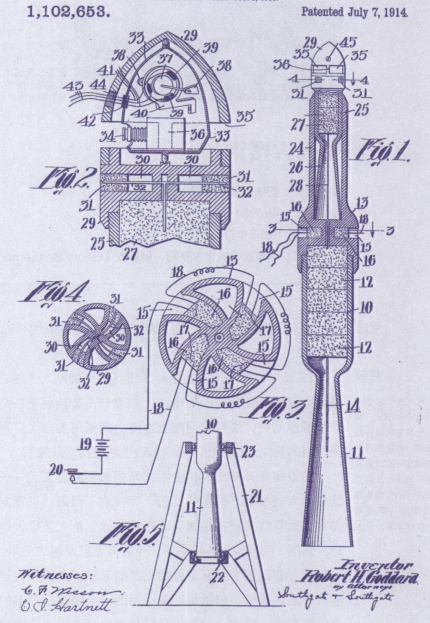

Fig. 1.

Fig. 2.

Fig. 3.

Fig. 4.

Fig. 5.

Witnesses:
C. F. Wesson.
C. T. Hartnett

Inventor
Robert H. Goddard
by attorneys
Southgate & Southgate

（左图）1892年，建筑规范改变，允许钢筋笼出现，使得建造22层的熨斗大厦成为可能

（右图）迪拜的哈利法塔是目前世界最高建筑

摩天大楼钢

专利名称： 钢铁制造的改进

专 利 号： 49,051

专利日期： 1865年7月25日

发 明 者： （英国伦敦市）亨利·贝塞麦（Henry Bessemer）

用途

为高层建筑和其他大型建筑的建造提供坚固的材料。

背景

"摩天大楼"这个词诞生于19世纪80年代，那时世界各地最高的建筑都还没有建成。目前世界上最高的建筑是阿拉伯联合酋长国迪拜的哈利法塔，大楼由玻璃、钢和钢筋混凝土建造而成，高度为828米，共162层，令人叹为观止。

1902年，乔治·富勒建造了纽约最早的摩天大楼之一——熨斗大厦（Flatiron Building）。富勒知道如何解决在结构设计中的承重问题，懂得如何向上建造。他采用英国人亨利·贝塞麦发明的新型钢材，在外墙内创造性地使用钢筋笼。

当贝塞麦开发出一种全新的新型钢铁制造工艺——第一个低成本大规模生产钢铁的工艺，天空成了极限。贝塞麦用炉子将空气反复吹入液态金属容器来消除碳。新工艺极大地增加了材料强度，为建筑世界提供了一个看似无限发展的空间。

本专利阐述了贝塞麦原始工艺的原理，介绍了大规模金属模具铸造的改进，包括贝塞麦运用的一个铸造坚固钢的至关重要的新观念。比如，以前的杆状模具包括两个由凸耳销和螺栓密封的板坯铸件，铸造之后，尽可能保持密闭状态。但空气不可避免地会被困在里面，因此削弱了材料强度。贝塞麦意识到通过预留一个开口并创造一个自然真空环境会使钢更坚固。无论当时贝塞麦是否知道，他的新方法很快就会极大地改变全球城市的天际线。

工作原理　　由砖、火石或其他慢热导体制成腔室，其特征是有一个凸起的出口。

1. 用流体金属充满腔室，开口处不允许泄漏。

2. 通过管道把空气或蒸汽压入金属，置换金属液并允许空气通过出口排出。

3. 刺破壤土密封的出铁口，使精炼的脱碳金属流入合适的模具。

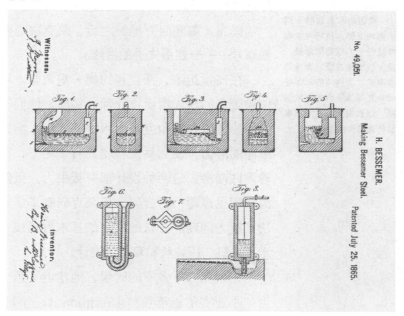

发明者的话　　"首先，我的发明是一种特殊模式，能有效地实现脱碳、部分脱碳和铁的精炼，通过以下方式，在金属为液体条件下，把气流、空气或蒸汽（单独或混合）鼓入金属表面或穿过金属或与金属接触；其次，以这种方式处理的金属形成锭或块，通过锤击或轧制作成日后所需的条、板或棒材。"

潜艇

专利名称：**潜艇**

专 利 号：581,213

专利日期：1897年4月20日

发 明 者：（新泽西州普莱森特维尔）西蒙·莱克（Simon Lake）

用途

潜艇是密闭加压的船只，可以在海洋深处进行长时间载人航行，已被用于战争及对海洋和各种生物进行研究。

背景

美国海军有四种不同类别的潜艇：执行搜索和摧毁任务的攻击型潜艇，提供战略核威慑的弹道导弹潜艇，为巡洋舰和驱逐舰补充导弹平台的巡航潜艇，以及用于应对潜艇事故的深海救援潜艇。

像他那个时代的许多孩子一样，西蒙·莱克也读儒勒·凡尔纳的科幻冒险小说，这直接影响了他的一生。

读完《海底两万里》之后，莱克决心要创造一个真实的鹦鹉螺号——一艘最先进的潜艇。

在19世纪末，莱克和约翰·霍兰德（John Holland）是两位最著名的现代潜艇设计师。然而，他们的想法不同。霍兰德的潜艇能以一定角度潜入水中并浮出水面；莱克使用控制泵操纵船的浮力，使它垂直移动。有了轮子，莱克的潜艇也可以沿着海底漫游。这两种设计都有吸引力。虽然霍兰德确实从美国海军那里赢得一份合同，但莱克研制了最早的潜望镜，从而解决了视力问题。公认的莱克的基本潜艇技术还包括龙骨平稳型水上飞机、压载舱和双船体设计。

在莱克二十多岁的时候，他建造了第一艘实验潜艇，命名为"小亚古尔爸爸号"（Argonaut, Jr）。在成功的鼓舞下，他组建了新泽西莱克潜艇公司，次年公司又建造了另一艘潜艇——"亚古尔号"（Argonaut）。1898年，这艘潜艇被认为是首个在公海成功运行并实现长途航行的潜艇。

莱克的成就鼓舞了儒勒·凡尔纳，他给莱克写了一封信，上面写道："虽然我的书《海底两万里》完全是想象出来的，但我相信我在书中所说的一切都会实现。这艘巴尔的摩潜艇（亚古尔号）1,609千米的航程就是证据。美国潜艇导航的显著成功将继续推进世界各地的水下航行事业。 如果这个成功的试验提前几个月到来，它可能在刚刚结束的战争中发挥重要作用。下一次大战可能主要是潜艇之间的较量。"

10.9728米长的亚古尔I号（Argonaut I）由30马力的汽油发动机驱动，在哥伦比亚的巴尔的摩铁厂和干船坞（Columbian Iron Works & Dry Dock）建造完成

工作原理　　如第58页图所示：

1. 用泵填充并清空罐体（i）（j）。

2. 发动机（e）由炉子（f）提供动力。

3. 置放在艇下方的压铁通过缠绕在套管（g）的防水电缆连接。

4. 在空心龙骨（M）内，发动机带动轴（c'）转动，带动后部的螺旋桨（p）和前轮（B）。

5. 潜艇"驾驶员"手持方向盘（K）站在指挥塔（I）。

6. 舱室升降口（O）位于指挥塔的正后方。

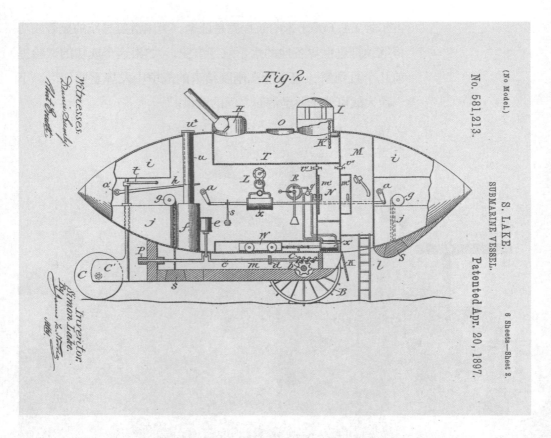

(No Model.)

No. 581,213.

S. LAKE.
SUBMARINE VESSEL.

Patented Apr. 20, 1897.

6 Sheets—Sheet 2.

Fig. 2.

Witnesses:
David Lamb.
Thos' Druitt.

Inventor:
Simon Lake,
By Ashton & Parker
1897.

7. 水手室（M）位于指挥塔的正前方的下面。

8. 通过球窝接头从舱室升降口后部延伸过来的炮塔（H）是观察管（G）。

9. 船员被吊在管内，即可透过圆形厚重的玻璃顶部（g'），视线所及之处一览无余。

发明者的话　　"我的发明是一种改进的潜艇，它的目的是：第一，当潜艇处于休息状态或无需前进时，提供将其沉到水底和升到水面的新方法；第二，提供潜艇在水底或河床上行走的方法；第三，提供一个由水压自动控制的机械装置，在航进中可以将艇体下潜并可以潜到任何所需或预定的深度；第四，不论船只内的重物如何变动或移动，提供自动将船只保持在水平龙骨上的方法；第五，为潜艇在水下随时出行提供了新的手段；第六，对潜艇的整体结构进行了改进，使潜艇的操作更加安全、可靠。"

电报

专利名称： 应用电磁技术改进信号传递信息的方式
专 利 号： 1，647
专利日期： 1840年6月20日
发 明 者： （纽约州纽约市）塞缪尔·F.B.莫尔斯（Samuel F.B.Morse）

上帝创造了什么？

——莫尔斯的第一封电报信息

用途 提供一个系统，该系统通过电磁波以代码方式使声音进行远距离传递。

背景

成立于1851年的西联电报公司在10年的时间内建造了第一个横贯大陆的电报线路。第一条跨大西洋电缆于1868年提供服务。

塞缪尔·F.B.莫尔斯

1837年，另一个使用同样电磁原理的不同电报系统在英国获得专利。

如果说莫尔斯对技术进步的本质持怀疑态度，那么他的一生也证明了这一点。他放弃了成功的肖像画家的职业生涯，作为发明家去着手改进和创造技术。19世纪30年代，他开始对电子和电报感兴趣。他设想了一种系统，通过电磁波以点和画线组成的电子字母表为代码进行信息传递。他的第一个成功的系统包括一盘磁带，在一个寄存器上打印了他自己命名的由点和画线组成的莫尔斯电码。电报员可以按下设备上的键来操纵电路传输一系列电子脉冲。较长的脉冲表示为画线，较短的用点表示——字母表中的每个字母都被转换成几个特定的点和（或）画线，形成电报员传输使用的代码。比如，字母S表示为三个点或短信号，字母O为三条画线或长信号，所以遇险信号"SOS"将是三个点、三条画线，然后再三个点表示。

1844年，一条从华盛顿到巴尔的摩的线路建成，莫尔斯在国会大厦内发送了著名的第一条电报。在不到10年的时间内，数千千米的电线在全国各地铺设开来，连接着主要城市，使美国西部更快速地扩张发展，并彻底改变了长距离的商业交易。他的发明被认为是"信息高速公路"或互联网最早的前身。莫尔斯的第一封电报信息是有预兆的，他的问题至今仍未得到解答——或许，在计算机时代的人类想象中，这个问题现在已经变得更加深刻。

工作原理　　1. 一个导体电路包含一个或多个电磁铁。

2. 在电路的消息始发端，操作员操纵信号杆断开并重新连接导体电路。

3. 电脉冲沿电路传输。

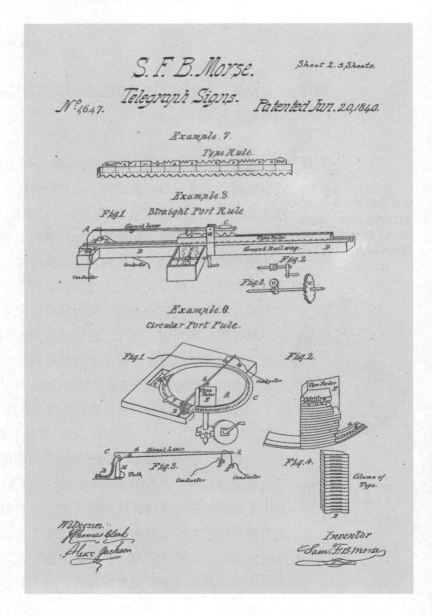

4. 在消息接收端，寄存器打印出分别代表长信号和短信号的点和画线组成的电码。

5. 破译点和画线组成的电码即可显示消息内容。

发明者的话　　　"请大家知道，我，签名如下：塞缪尔·F.B.莫尔斯——来自纽约州纽约市纽约县，发明了一种新的有用的机器和符号系统，它利用电磁发出声音和符号。这种新的应用能够进行远程情报传输，或者采用同样手段、同样的应用和电磁效应来永久记录任何发出的情报符号。我将这项发明命名为'美国电磁电报'。"

早期的电话接线员

电话

专利名称： 电报技术的改进

专 利 号： 174, 465

专利日期： 1876年3月7日

发 明 者：（马萨诸塞州塞勒姆）亚历山大·格雷厄姆·贝尔
　　　　　　（Alexander Graham Bell）

用途　　　使人们能够相互联系，并进行远距离口头交流。

29岁时，贝尔因改进了电报系统，借助变化的谐波振动允许多个消息同时被传送，而获得了这项专利。不是由信号杆通过电线发送非连贯的信号，而是人类的声音本身可以发送信号。一年后，贝尔成立了贝尔电话公司。他的发明标志着电报系统的结束和电话的开始。

声音一直是贝尔生活中的兴趣所在。 1847年，他出生于苏格兰，母亲几乎完全失聪，父亲从事语音病理学研究。和他的父亲一样，贝尔致力于服务失聪的人，1871年开始在波士顿的一所学校教授发音演讲技巧。贝尔也坚信科学和技术可以改善人类生活，他拥有与生俱来的发明天赋。

当非常熟悉人类声音的各种振动音高时，贝尔便开始研究他所谓的"谐波电报"。他坚持认为，一个基于若干不同振动频率的传送仪器可以同时产生和断开电路，从而在一根携带声波的导线上传输流体和连续电流。

贝尔遇到了托马斯·沃森（Thomas Watson）——他在改进机器和帮助其他发明者方面广受好评。沃森立刻帮助贝尔改进发明的各个细节。1876年3月10日，贝尔招呼他的助手对着他的机器讲了第一句话："沃森先生，到这里来。我需要你！"在另一个房间里，沃森接到了世界上第一个电话。

如第63页图所示：

工作原理

1. 扬声器通过振动的薄膜作用于电磁电流，并通过电线传递声音的电子传真。

2. 专利图7（Fig7）描绘了一个电枢（c）松散地固定到电磁铁（b）的支架（d）上。

3. 另一端连接到拉伸膜（a）上。

4. 锥体（A）通过薄膜汇聚声音的振动。

5. 膜的振动带动电枢运动，在电路上通过电路（E→b→e→f→g）产生波动。

6. 接收端复制这些振动，以便在另一个圆锥体（L）上听到类似的声音。

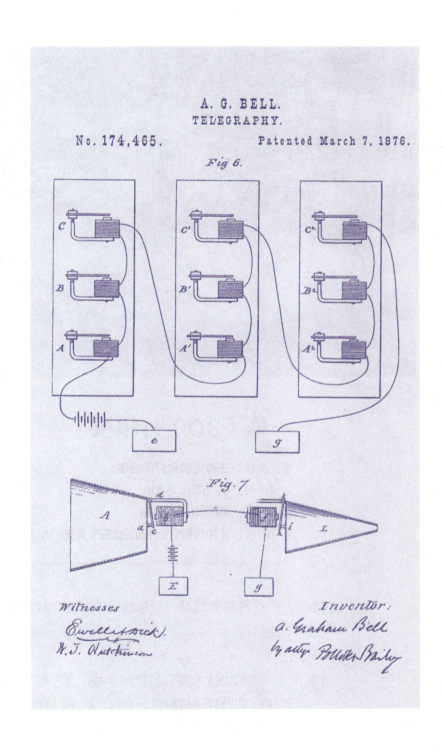

A. G. BELL.
TELEGRAPHY.

No. 174,465.

Patented March 7, 1876.

发明者的话　　　　"我的发明包括使用振动或电流的波动，不仅仅是间歇性或脉动性电流，还包括在线路上产生电波的方法和装置。"

3D打印机

三维（3D）打印机

专利名称： 三维光固化打印设备
专 利 号： 4，575，330A
专利日期： 1986年4月11日
发 明 者： （加利福尼亚州瓦伦西亚）查克·W.赫尔（Charles W.Hull）

用途　　这种机器通过一层层地喷涂并固化材料来创建三维模型或
三维结构。

背景　　尽管3D技术直到21世纪才被广泛了解，但在1986年，赫尔
就获得了3D打印机的首个专利，同年，赫尔创办了3D公司。3D
打印也称增材制造，使用多种技术和材料进行立体印刷，这是
此项技术的根本。由人工合成的液体塑料制成模型、结构和图
案，用带有喷嘴的自动化机器逐层喷涂。

立体打印最根本的技术是光聚合技术。光聚合就是分子相互结合形成更大的分子链或三维分子结构的过程。光聚合一般使用紫外线来促进这一过程，因为它能量很高。一台典型的3D打印机使用一种丙烯基材料。这种材料在被紫外线照射之前保持液态，照射后会快速凝固。

无论如何，光聚合技术在近几年得到很大的发展与改进。有些3D打印技术通过烧结固化粉末材料来制造产品，如直接金属激光烧结技术（DMLS，Direct Metal Laser-Sintering）。DMLS使用高能激光束（通常是一种带有镱光纤的光纤激光束）将底层金属粉末烧结或熔合成固体物体。然后添加更多的金属粉末进行激光熔融，最终不需要任何工具就能制造出一个完整的金属物体。DMLS的制造速度和自动化使它成为航空航天业一种普遍的制造方法。例如，美国太空探索技术公司（SpaceX）使用直接金属激光烧结技术，利用镍铬高温合金材料（镍和铬为基础的高温合金）制造超级天龙座（SuperDraco）火箭引擎，并用于它的龙飞船。

相比其他公司，美国通用电气公司在3D打印的大规模制造方面投入更多资金。2016年9月，该公司在宾夕法尼亚州匹兹堡成立增材制造技术发展中心，致力于金属部件3D打印。通用电气公司的一系列"辉煌工厂"将3D打印技术与机器人自动化和激光扫描结合起来，2015年在印度普纳（Pune）开设了第一家工厂。经济理论家杰里米·里夫金（Jeremy Rifkin）认为，3D打印是数字制造的重大突破，它将引领一场新的工业革命，堪比20世纪初流水装配线对制造业的影响。

工作原理　　1. 将紫外线可固化的液体塑料，或类似的东西喷涂在由计算机控制的移动平面上，为物体建造一个基座。

2. 喷嘴将液体物质一层一层地喷涂在基座上，而移动表面则横向和水平方向移动使喷嘴与所需的区域配合。喷嘴和平台的运动由计算机控制系统控制。

3. 同样由计算机控制的紫外光源瞄准了喷涂过的材料，使其固化和硬化。

    4. 使用镜子和其他光学仪器将紫外光照射到更大的区域，进一步固化材料。

    5. 该设备继续以这种方式叠加材料，以创建三维物体。

    6. 也可以用激光加热金属粉末，将粉末烧结成固体层，然后再堆叠烧结在一起，形成一个完整的物体。

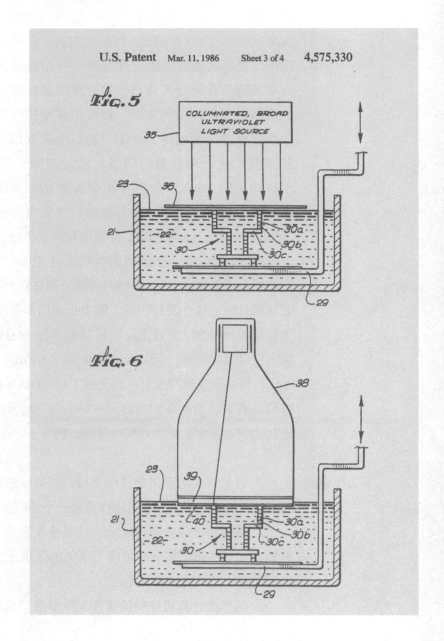

发明者的话　　"在过去的几年里，从真正迅速的增长和认可的意义上说，它真正地开花结果了。我认为，有很多东西促成了这一点：许多医学应用抓住了人们的想象力，当然是创客运动、低成本的机器让爱好者通过使用3D打印对发明和制造感兴趣。"

第三代无线移动通信（3G）

专利名称： 移动互联网接入
专 利 号： US 6618592 B1
专利日期： 2003年9月9日
发 明 者： （瑞典斯德哥尔摩市）哈里·塔帕尼亚·维兰德（Harri Tapani Vilander）、汤姆·迈克尔·诺德曼（Tom Mikael Nordman）

用途　　该系统通过移动通信网络向移动设备分配互联网协议（IP）地址，使用户可以在各种移动设备上，如用手机来浏览互联网。

背景　　在世纪之交，移动电话发生了一场根本性的变革。第一代和第二代移动通信网络（通常称为1G和2G）首先实现模拟制式移动电话，如那些在20世纪80年代常用的手机；其次实现了数字移动电话，如在20世纪90年代和21世纪初所使用的手机和翻盖手机。模拟制式手机和数字手机都使用无线电技术来传输语音信号，但是数字信号被转换成0和1的二进制序列，通过压缩使信号在特定的带宽内发送更多的信号。

通用移动通信系统（UMTS）是早期的第三代移动通信系统，又称为3G。通过网络浏览器接入互联网，同时改进语音通话、视频通话和移动流媒体。3G时代建立了覆盖范围更广的"移动宽带"。3G对现有网络做了一些改进，包括显著提高数据

3G允许人们在各种移动设备上上网，比如iPad

传输系统中数据传输的速度峰值、缩短连接时间、扩大互联网范围，并且能支持更多的设备。虽然第一批接入互联网的手机使用的是2G，但直到21世纪初随着3G技术的广泛使用，像黑莓（BlackBerry）和苹果（Apple）等手机制造商才开始开发专门用于移动网站访问的设备。

2003年发布的黑莓Quark系列手机是最早带有互联网浏览器的手机之一。尽管互联网手机最初主要是富人使用的，但这些手机渐渐普及起来，尤其是在2007年iPhone发布后。移动设备中的其他技术很快变得普遍起来，如全球定位系统和视频流，它们都是通过3G实现的。

自从19世纪80年代推出1G系统以来，大约每10年就出现新一代移动通信技术，如1911年2G网络的推出和2003年美国第一代商用3G技术的建立。今天，新一代移动设备使用4G网络，它满足2008年国际电信联盟无线电通信部门提出的一系列要求，如LTE，提供了更高的数据传输速率。但是4G更像是3G的改进，而不是对所用技术的彻底变革，正如我们可以从2G到3G的转变中所看到的那样。

工作原理　　1. 全球移动通信系统（GSM）为移动通信服务建立了一套标准，将其标榜为3G或第三代。

2. 3G服务基于现有的无线网络，该网络由基站组成，基站使用收发器在给定区域内从多个来源（如电话和蜂窝天线塔）发送和接收信号。

3. 信号从一个发射塔传送到另一个发射塔，直到距离移动设备最近的发射塔与其建立连接。

4. 通过这些连接传输数据允许移动设备进行电话呼叫、访问互联网、使用视频通话、下载音频或视频，以及使用移动流媒体服务等功能。

5. 虽然移动电话是使用3G和4G网络的主要设备，但其他电子产品也可以接入移动宽带网络，比如笔记本计算机和插入USB端口的加密锁（加密狗）。

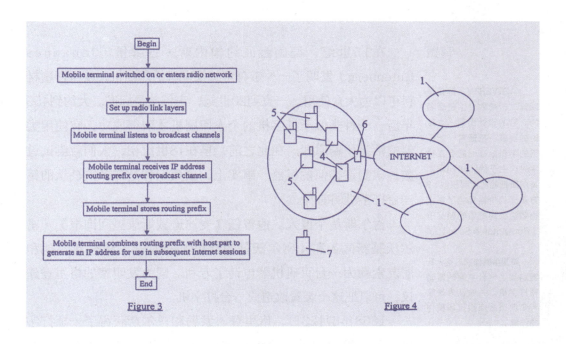

Figure 3　　　　　　　　　　　　　　　Figure 4

发明者的话　　"本发明的目的是克服或至少减轻现有和目前拟建的移动电信网络的上述缺点。具体地说，本发明的目的是在开始互联网会话之前消除或至少排除在移动终端和移动网络的（某个）节点之间协商IP地址的需要。"

打字机

专利名称： 打字机器的改进

专 利 号： 79,265

专利日期： 1868年6月23日

一款典型的安德伍德打字机

发 明 者： （威斯康星州密尔沃基市）克里斯托夫·拉森·肖尔斯（C.Latham Sholes）、卡洛斯·格里登（Carlos Glidden）和塞缪尔·W.索勒（Samuel W. Soule）

用途　　通过敲击一套金属模具按钮系统，使注入墨水的色带在纸上打印出统一规格的字符。

在15世纪，德国金匠约翰内斯·古腾堡（Johannes Gutenberg）发明了一种带有可替换字母的印刷机，使得印刷材料可以为大众使用。一直到20世纪，它仍然是标准。大约到450年后，一种类似于打字机的个人印刷机才取得成功，它使用类似的活字印刷原理。在此之前，早在18世纪初，人们就尝试过数百次制造类似的机器。事实上，这项专利是许多人公认的第一台打字机的前身。

肖尔斯是个报人。他曾任《麦迪逊威斯康星问询报》《密尔沃基新闻》和《密尔沃基哨兵报》的编辑。1864年，他和朋友索勒为一台页码机器申请了专利。同为发明家的格里登建议，可以把这个装置改造成一台打字机。

1868年6月23日，格里登、索勒和肖尔斯获得了一项打字机专利，这是对他们之前申请的一项专利发明的改进。几年后，肖尔和他的朋友们开发出了一个更好的版本，最终成为世界上第一台成功的商用打字机。后来的版本建立了现代的"QWERTY"键盘，至今仍是标准键盘设计。

工作原理

1. 按下字母和数字键驱动带有单个字符的字锤，然后字锤击打色带，将字印在一张纸上。

2. 每次字符敲击会带动色带运动，色带从一个线轴缠绕到另一个线轴。

3. 同时，通过绳索和滑轮系统，击键带动托纸架沿着一组棘轮运动，一次敲击推进一点，直到移到一行末尾，必须通过手动操作换行杆返回下一行。

发明者的话

"希望大家知道，我们，威斯康星州密尔沃基市的克里斯托夫·拉森·肖尔斯、卡洛斯·格里登和塞缪尔·W.索勒，已经发明出了新的改进过的打字机。我们特此声明，以下是对该发明的完整、清晰和准确的描述，该描述将使该领域的技术人员能够制作和使用该发明，参考附图是说明书的一部分。"

"这项发明是对1867年10月11日我们获得专利的那种打字机的改进。它的特点是拥有更高效、更好用的方法来操作以下部分：打字棒、托纸的滑动架，移动和调整滑动架，固定、使用并移动油墨带，自我调整的压纸滚筒和打字杆配套的支架或衬垫。"

"因此，打字机是最简单、最完美的工具——不用笔而用键盘书写进行日常沟通，也是迄今设计出的在各方面都是最好的机器，特别是在制造机器的成本和整洁省力的工作质量方面尤为突出。"

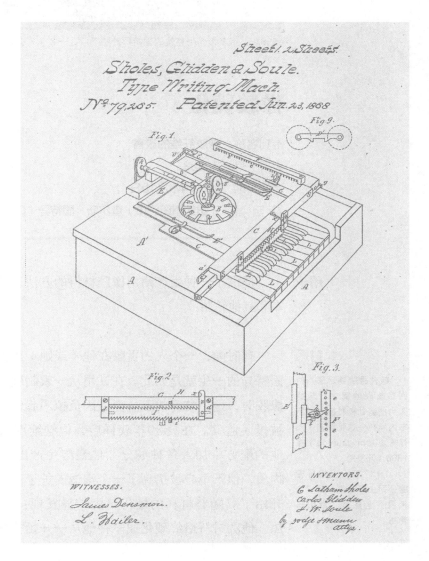

1928年，俄亥俄州阿克伦的固特异轮胎工厂，一名工人在砸开粗橡胶

橡胶硫化

专利名称： 橡胶纤维的改善
专 利 号： 3,633
专利日期： 1844年6月15日
发 明 者： （纽约州纽约市）查尔斯·固特异（Charles Goodyear）

用途　　提供了一种生产耐用橡胶材料的方法，特别是用于制造汽车和其他轮胎。

背景

硫化橡胶满足了当时许多新兴的需求，包括实用的运动鞋鞋底和自行车内胎——这是约翰·邓禄普（John Dunlop）在1888年开发的。

1927年，固特异轮胎公司生产了第一款"全天候、全季节"乘用车轮胎。

　　有时候，一个人的贡献在他（或她）离世后才最受欢迎。固特异的一生就是如此。在试用从一家制鞋公司买来的一些生橡胶时，这个贫穷的五金商人因负担不起他的投资而欠债，并被投入监狱。在1839年获释后，他继续用橡胶做实验，并在他的配方中加入各种成分。他最终生产出一种黏糊糊的球状物质，但不小心被扔到了一个滚烫的炉子上。意外的硫化过程开始了。随着材料的熔化，固特异发现：缺失的组成部分耐热。他的材料最终硬化成一种他从一开始就试图达到的那种稳据固特异轮胎公司称，它们目前已种植了数十亿棵橡胶树，大约300万棵树的"挤奶工"在收割橡胶，美国几乎引进了其产量的一半。

定性。

事实证明，这是一项巨大的成就，它改变了世界存在的方式：一种可靠、坚固的橡胶材料可以被塑造成各种形状，并可应用于各种用途，其中最引人注目的是轮胎的生产。可悲的是，固特异的发明并没有立刻使他获得名声和财富。直到一个世纪后的1937年，一家以他的名字命名的公司开始生产合成轮胎。

固特异轮胎公司的历史告诉我们，热炉事件不仅是一个愉快的意外，更是对固特异创造力的赞颂。"对于一个头脑总准备做出推论的人来说，它是有意义的"，而且"他对此问题的研究可谓坚持不懈"。固特异自己写道："生命不应该仅仅用金钱来衡量。我不愿抱怨我播种，别人却收获了果实。只有当一个人播种而没有人收割时，他才有理由感到后悔。"查尔斯·固特异去世时是个穷人，但许多人由于他的创新而获得了巨大的财富。

把25份橡胶、5份硫黄和7份白铅的混合物加热到100~176.7摄氏度之间的温度，就能生产出耐用有弹性的物质，适用于如汽车轮胎等高强度的产品。

发明者的话　　　"我的改进原理是将硫、白铅和橡胶混合，然后加热到设定的132.2摄氏度，通过组合和加热这个混合物以改变其特质，就不会受阳光的温度或低于阳光照射的、人工加热的温度影响而软化——也不会受到低温的影响而被破坏。"

硫化能使橡胶防水，并能很容易地切割成雨靴的形状

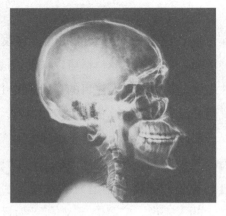

X射线的广泛应用彻底改变了医疗

X射线管

专利名称: 真空管

专 利 号: 1, 203, 495

专利日期: 1916年10月31日

发 明 者: (纽约州斯克内克塔迪)威廉·D. 柯立芝 (William
D.Coolidge),转让给了通用电气公司

用途　　　提供了一种有效的方法生成X射线,以捕捉不透明的身体的
内部图像。

背景

1901年,威廉·康拉德·伦琴因发现X射线而获得第一个诺贝尔物理学奖。为纪念他,人们将在0°C条件下,1立方厘米的干空气中造成一个静电单位的电离辐量强度和标准气压称为1伦琴单位。

　　　1895年,威廉·康拉德·伦琴无意中发现X射线是电磁
波,并具备良好的渗透性。那是个命中注定般的日子,这位
德国物理学家正在试验一个阴极射线管,这是一种通过扫描
电子束的方法来显示图像的装置。但伦琴观察到射线延伸到
了阴极射线的范围之外,射线穿透了木头和铝。射线是在管
内由电子束撞击产生的。因为当时他不熟悉这种射线,所以
他称之为X光辐射。他的同事称它为"伦琴辐射"或"伦琴
射线"。

　　　这些X射线提供的好处是显而易见的:它们会提供一种独
特的方式去窥见人类的身体。人体组织、肌肉、骨骼和脂肪

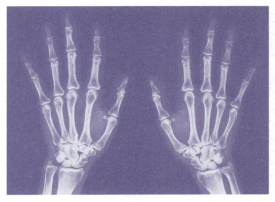

柯立芝一生中获得了83项专利，从雷达系统到电热毯等设备和舒适用品。1975年，他被列入美国发明家名人堂。

吸收X射线的程度不同。因为它们可以对人体骨骼和器官进行清晰成像，所以X射线的出现是放射学和医学史上的一场革命。

后来，为了开发一种产生X射线的实用方法，美国电气工程师柯立芝发明了著名的X光管。在此之前，供职于通用电气公司的柯立芝发明了韧性钨用作精制灯丝——现已成为电力照明的标准。

以前，X射线是用稳定的电子流轰击封闭空间而产生的，电子流在碰撞时，速度会发生突然的变化，并转化为穿透射线。在对X光管的研究中，柯立芝发现现有的辐射产生方法存在许多问题。比如，在以前的电子管中，用来影响电子流动的气体的压力变化太大，导致X射线的穿透能力变化无常且不一致。

柯立芝决定除去用来促进电子轰击的气体，而是把钨丝阴极加热到白炽化。他发现这样会释放电子，这些电子可以被电动势操纵到想要的效果，同时消除了气体压力的易变性。

如第76页图所示：

工作原理

1. 图1（Fig1）一个玻璃外壳（1）包围一个板状钨阳极（3），从管状末端（2）通过钨杆（4）延伸到中心处。

2. 引线（6）（7）适应电源，并密封在玻璃支架中，在那里，它们的能量能够加热阴极（5）。

3. 阴极周围是一个空心的钨圆柱（11），作为一个静态调节器来稳定阴极放电的焦点。

发明者的话

"我的发明涉及真空管，尤其是以产生伦琴（或X）射线为目的的真空管。我制造的管与之前用于产生伦琴（或X）射线的管子截然不同。因此，与其说是对之前管子的改进，不如说这是一种全新的管，它的工作原理和工作特性都不同。"

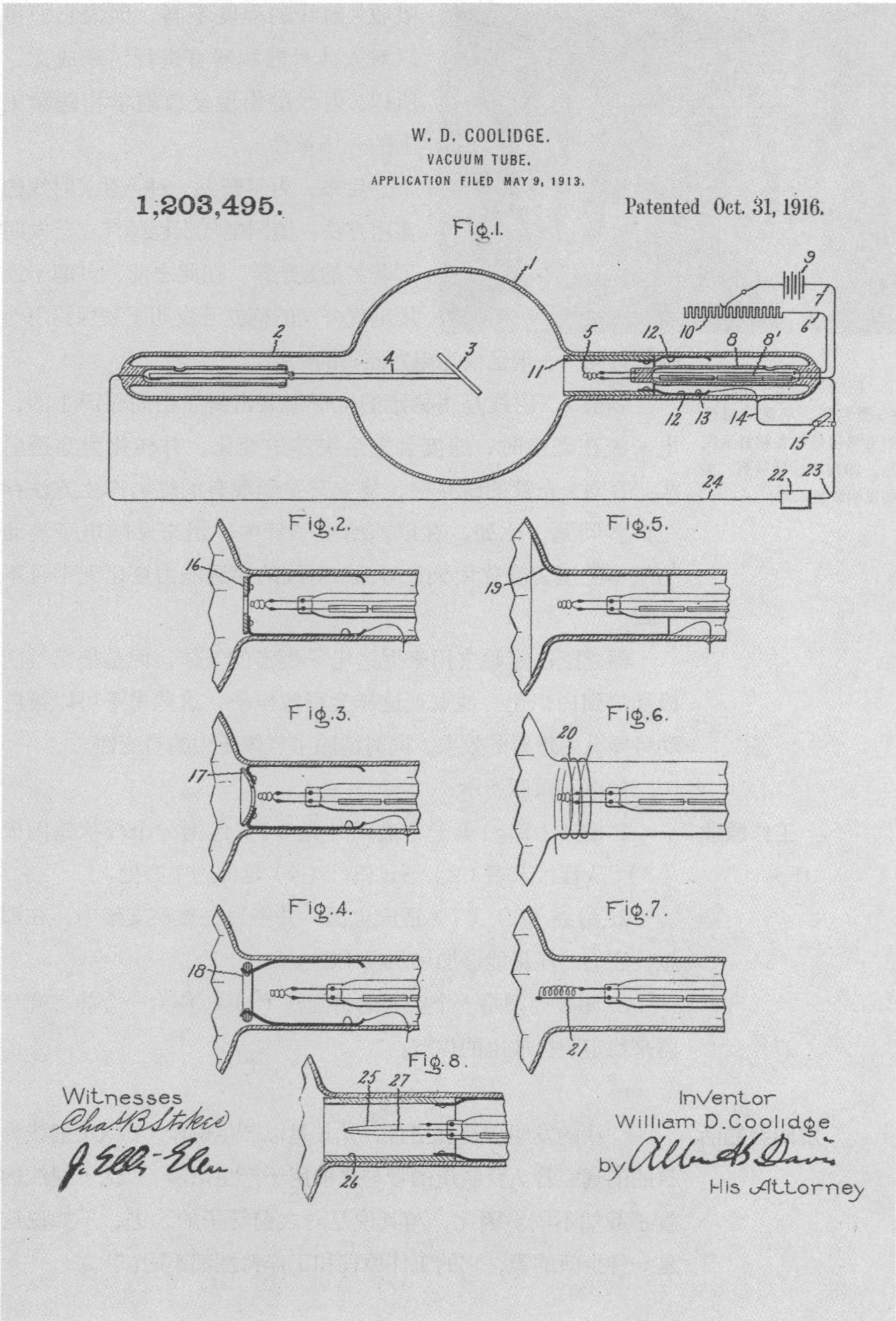

1,203,495.

Patented Oct. 31, 1916.

Fig.1.

Fig.2.

Fig.5.

Fig.3.

Fig.6.

Fig.4.

Fig.7.

Fig.8.

Witnesses
Chas.B.Stokes
Jo.Ellis.Elen

Inventor
William D.Coolidge
by Albert H. Davis
His Attorney

TWO
第二章

成功的小发明

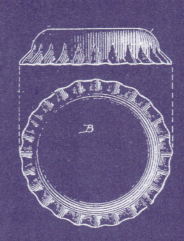

气雾剂罐

专利名称： 使液体或半液体物料雾化或发散的方法和手段
专 利 号： 1，800，156
专利日期： 1931年4月7日
发 明 者： （挪威奥斯陆市）埃里克·罗特伊姆（Erik Rotheim）

用途　　以"雾化"的形式配备或分散液体或半液体物料。

背景

有志者，事竟成，显然很多人都想走得更高。气溶胶吸入剂滥用是一个严重的问题，统计数据显示，大约7％的八年级学生使用各种气雾吸入剂。

　　埃里克·罗特伊姆发明了气溶胶罐和气溶胶系统的前身，也就是我们现在知道的气溶胶喷雾罐。1926年10月28日，他获得了挪威的一项专利，将近5年后，他的发明又获得了美国专利。这个简单、实用、精巧的小东西无处不在：看看自己的家里，你肯定能找到诸如喷漆、除臭剂、发胶、气溶胶清洁产品等生活用品。

　　第二次世界大战期间，美国农业部的研究人员研制出一种用液化气体加压的装置，并将它用作小型驱虫剂。它与今天的气溶胶罐非常相似。进一步的技术改进减少或消除了氟碳化合物的释放，因为人们发现氟碳化合物会破坏臭氧层。

如下图所示：

工作原理

1. 在容器（1）的底部有一根短管（7），用来在加压状态下灌装瓶子，装满后通过压缩和焊接的方式密封容器。

2. 在靠近顶部的地方，阀门（4）通过弹簧（8）上的内部压力保持在适当的位置。

3. 阀门与上升导管（3）上的一个开口（13）连接。

4. 一个可锁紧的压力旋钮（5）和一个喷射管（6）同时作为止动孔和喷射孔。

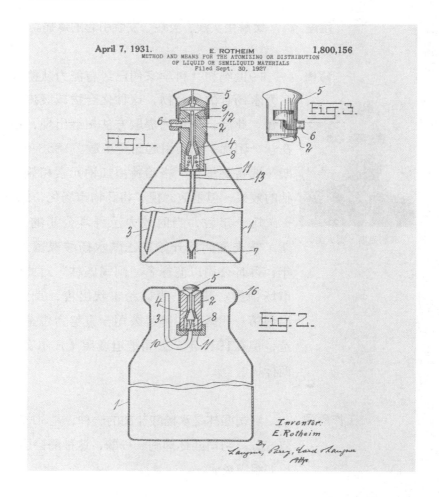

发明者的话

"当一个封闭有该物质和浓缩二甲醚的容器被打开时，该物质会在容器内的压力下被挤出。通过适当地设计出口，就有可能使容器内材料以固体或一种雾化的形式喷出。"

阿司匹林

专利名称：乙酰水杨酸
专 利 号：644,077
申请日期：1900年2月27日
发 明 者：（德国埃尔博菲尔德）菲利克斯·霍夫曼（Felix
　　　　　 Hoffman）

用途　　　　缓解由头疾、炎症、发烧引起的疼痛。

背景　　　　19世纪初，科学家们已经有能力从柳属植物中提取一种
名为水杨苷的化合物，这种化合物减缓疼痛的特性为人们所
熟知。此后，一系列提取方法相继出现，但是在当时普遍存
在一个困扰：它会引起肠胃不适。1853年，法国化学家查尔
斯·弗雷德里克·格哈特添加钠元素和氯化物达到了减缓症
状的效果，但是他忽视了将药物市场化，配方因而丢失了。

菲利克斯·霍夫曼

　　　　　　　几十年后，当时效力于拜耳公司的德国化学家菲利克
斯·霍夫曼偶然开始在乙酰水杨酸课题上展开研究。1899
年，拜耳公司以商标名"阿司匹林"对此配方的合成物进行
市场销售。开始一直以粉末状出售，直到1915年市场上才
出现第一代药片。拜耳公司一直努力想垄断此药物的生产制
造，但在1919年，公司被迫遵照《凡尔赛合约》放弃了这个
商标权。

工作原理　　　阿司匹林是水杨酸盐类的一种，是50多种非处方药中的有
效成分。阿司匹林抑制一种酶，这种酶会引发许多生物反应，
比如组织炎症。

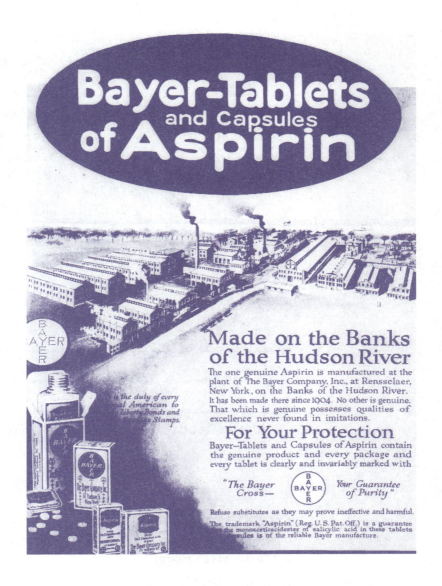

发明者的话

在发明乙酰水杨酸时，菲利克斯·霍夫曼正在寻求一种方法来缓解父亲的关节炎。

如果是在那个时代发表，菲利克斯·霍夫曼的专利申请读起来就像是给制药界竞争对手的一记耳光："我现在已经发现用乙酸酐来加热水杨酸得到一种物质并作用于人体，其身体反馈的状况与之前德国人描述的完全不同。根据我的研究，通过我的新工艺，人体吸收的才是真正的无可辩驳的乙酰水杨酸……因此德国人所描述的不是真正的乙酰水杨酸，而是另一种化合物。"

约瑟夫·F.格利登

带刺铁丝网

专利名称: 铁丝网的改进

专 利 号: 157,124

专利日期: 1874年11月24日

发 明 者: （伊利诺伊州德卡尔布市）约瑟夫·F. 格利登（Joseph F.Glidden）

用途　　这种金属线的特点是带有突出物或"倒刺"。用它做成的栅栏对被关在里面或在外面的任何东西（包括人）都是一种有效的威慑。

带刺铁丝网的发明代表了美国历史的一个开始和一个结束。它标志着自由放养的牛仔、四处漂泊的拓荒者和美洲土著游牧部落的终结；它标志着一个以畜牧业为主的新产业的开始，并且进一步向定居者开放了西部。那些喜欢开阔地带的人强烈反对改良的栅栏技术。当时割断带刺铁丝网是重罪。

约瑟夫·格利登出生于纽约的克拉伦登（Clarendon），快30岁的时候搬到了伊利诺伊州的德·卡尔布（De Kalb）。到1873年，已有人在研究和改进现有的简单铁丝网，因为它很容易被一头笨重的小母牛的重量压断。人们曾试图设计出一种能引起疼痛的金属线来教会牛"转向"。60岁的格利登发明了一种篱笆，它的特点是在一根铁丝上间隔地放置倒刺，用另一根铁丝缠绕住第一根铁丝，将倒刺固定到位。同年，他获得了带刺铁丝网的专利，并将一半专利权出售给艾萨克·埃尔伍德（Isaac Ellwood）。他们一起在德卡尔布市中心建了一家工厂生产该产品。

背景

带刺铁丝网不仅用来圈住牲畜，也可保障工业财产安全，还能防止囚犯逃跑；在战时，可保障临时驻地安全，也可用来关押战俘。

北美的土著人在目睹了开放的牧场被不断地打桩、分割、装上围栏后，给带刺铁丝网起个个绰号：魔鬼的绳子。

工作原理

1. 倒刺沿着铁丝固定到位。

2. 在一根栅栏柱上的钩子和另一根栅栏柱上牢牢固定的翼形件（拇指按件）之间，一根铁丝和另一根铁丝拉伸连接。

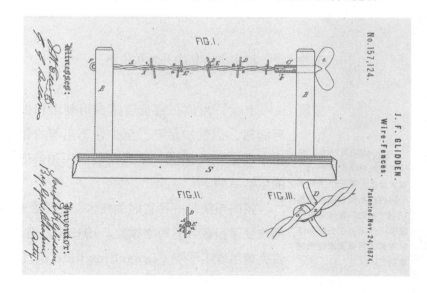

3. 翼形件被设计成横向地把铁丝扭在一起，用来确定倒刺的位置。

"这项发明涉及防止牛冲破铁丝网的方法。将两根铁丝线扭卷成股，将一截短铁丝的中心位置横向放在其中一根铁丝上，然后围着它弯曲缠绕；最终，短铁丝两端以相反方向伸出来，成为铁刺；另一根铁丝将这个铁刺紧紧地固定起来，且铁刺垂直于铁丝线，并且无法横向移动和松动。该发明结构新颖，把栅栏铁丝和铁刺按上述方法连接和排列。在倒刺变松的时候，可通过穿过栅栏柱两端的旋钮或翼形配件来拧紧铁丝，使它们位置固定，并且结实牢固。"

条形码

专利名称：**分类装置和方法**
专利编号：2, 612, 994
专利日期：1952年10月7日
发 明 者：（新泽西州文特诺镇）诺曼·J. 伍德兰（Norman J.Woodland）、（宾夕法尼亚州费城）伯纳德·西尔弗（Bernard Silver）

用途　扫描出商品的分类和价格。

背景

1974年6月26日，在俄亥俄州特洛伊市的一个收银台上，第一个带有条形码的产品被扫描。那是10包"箭牌"多汁水果口香糖。你可以在史密森学会的美国历史国家博物馆看到它。

下次，当你在百货店排在用硬币和过期优惠券付款的人后面时，你就知足吧。至少你不用等收银员把每件商品的价格手动输入收银机。这是在条形码和条形码扫描器出现之后的生活写照。

条码系统是一种省时的技术，无论在哪里使用，它都极大地改变了消费者的购物体验。1949年，当地一家杂货店要求德雷克塞尔理工学院（Drexel Institute of Technology）的两名研究生将产品结账自动化。最终，诺曼·伍德兰和伯纳德·西尔弗设计了一个系统，该系统采用了一种编码模式和可以读取编码的光敏技术。他们的系统和今天使用的很相似。他们的条形码有四行。第一行是参考行，另外三行说明跟第一行相关的信息。使用更多的行可以对更多特定的和大量的分类进行编码，但制定行业标准还需要一段时间。条形码的第一个实际用途是将铁路与对应的列车匹配起来。

如下图所示：

工作原理　1. 条形码通过可分类的反射光和非反射光显示相关信息。

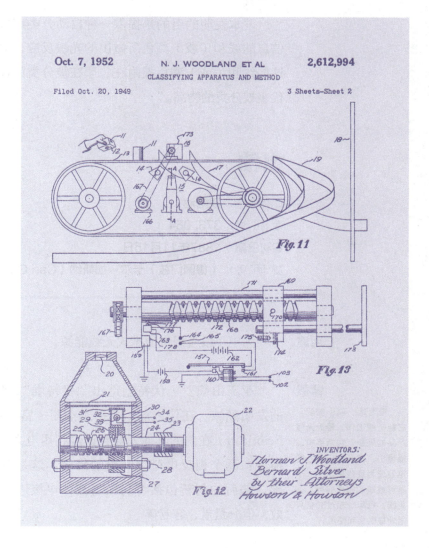

2. 在图11（Fig11）中，在黑色背景上的位置和白色线条表示产品（11）上的基准线或条码（12）。

3. 高反射率的白色线条面朝下对着透明传送带（13）向下移动，同时它们受到多个光源的照射（14）。

4. 反射后立即投射到光敏光学扫描元件（15）上，该元件包括在传送带上来回移动的传感机构。

5. 后来条码技术得到创新，使用了全息图像扫描技术。

发明者的话　　"此项发明涉及物品分类技术，具体涉及通过识别图案进行分类。"

"本发明的目的是提供一种自动分类装置，利用承载分类信息的线和（或）颜色所做出的光敏反应，对物品进行分类，这些线和（或）颜色被附在、印在被分类的物品上，或者使它代表被分类的物品。"

电池

专利名称：原电池
专 利 号：373，064
专利日期：1887年11月15日
发 明 者：（德国门兹）卡尔·加斯纳（Carl Gassner，Jr）

用途　　为电子设备提供便携式无线能源。

背景

电池是一项小发明，它能持续工作。最近无线产品的兴起，包括手机、摄像机、工具和玩具，使电池成为现代生活中一个不可或缺的组成部分。在美国，每年有超过30亿只电池被购买和使用。

亚历山德罗·伏特创造出"伏特堆"，"推动"了一个新的发明领域。在他之前，包括本杰明·富兰克林（Benjamin Franklin）在内的其他人曾尝试过利用电力。伏特设计了基本模型：两个相反电荷之间电的传导。这是后来改进电池的基础。随后的创新包括将阴极与液体电极连接起来，虽然很有效，但分量重，容易碎。

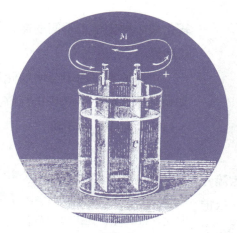

原电池

　　对电池最重要的修改之一是由卡尔·加斯纳（Carl Gassner）开发的，他发明了"原电池"——第一种商业上成功的"干"电池。加斯纳使用锌容器和多孔材料来吸收电解液，并用沥青密封电池的顶部。他的发明立即使电池更实用且更容易操作，并且添加的氯化锌有助于减少锌的腐蚀、延长电池的自然寿命。它是当今无处不在的碳锌电池的前身。

工作原理

　　当一个负极与一个正极接触时，就会引起化学反应，从而产生电。在电池中，电极被离子导电分离器分开，并被置于离子导电电解液中。当电池连接到外部负载时，将电子电流从负极传导回正极，从而触发反应。

伏特的"伏特堆"在银盘（或铜盘）和锌盘之间交替产生电流。

　　1. 激活剂（电解液）按重量计含有以下物质：一份氧化锌、一份氯化铵、三份石膏、一份氯化锌、两份水。

　　2. 一个锌筒（容器）里面装着一个绝缘的碳锰筒。

　　3. 两个筒之间充满了液体或半流体的激活剂，使其相对凝固。

发明者的话

　　"如下所述，锌的氧化物可用作任何已知元素的激活剂成分，具有极大的优势。这些激活剂被机械混合后引入原电池，并在其中起作用。然而，当它与电极的激活液混合并在电极上应用之前，我是不主张使用它的。通过化学作用将氧化锌立刻转化成一种化学上不同的盐，如稀硫酸，稀硫酸会将其转化为硫酸锌。"

"锌的氧化物不会增加元素的内阻，因为锌的氧化物比石膏和其他类似物体的导电性好，而石膏和其他类似的物质只产生局部的和变化的孔隙。"

发明家简介
亚历山德罗·伏特
（1745—1827）

亚历山德罗·伏特直到4岁才开始说话。他的家人认为他有智力缺陷

亚历山德罗·伏特是一位意大利物理学家，因在电化学领域的开拓性工作而闻名于世，这一工作使他和其他人在电学方面有了惊人的发现。1745年，他出生于意大利科莫的一个贵族家庭。1774年，他被授予了第一个学术职位，在科莫高中担任物理学教授。就在第二年，他想出了起电盘，这是他的第一个重要发明。起电盘由两块板组成：一块是覆盖着硬橡胶的金属板，另一块是绝缘手柄。该装置积累了静电产生的电荷，即使在今天，静电仍然是电容器的基础。然而，伏特对该领域最重要的贡献是他在1800年发明了第一个粗电池。

伏特以一种不可思议的方式发现了这一点：他听说一位科学家朋友路易吉·伽尔伐尼（Luigi Galvani）在解剖一只青蛙时，注意到这只死去的动物的腿在接触两种不同的金属时会抽搐。伏特对伽尔伐尼的发现很感兴趣，于是决定来验证解剖中的电荷是来自动物的组织还是使用的两块金属。

从1794年开始，伏特开始了一系列的实验，试图复制伽尔伐尼的工作。他很快断定生物的组织不是发电所必需的；相反，他发现青蛙的腿只是两块金属片自身产生电荷的导体。它们是带相反电荷的金属，所以当它们连接在一起时就产生了一个电脉冲，在这个实验中是通过青蛙的腿连接的。伏特花了几年的时间来完善这个过程，在1800年，他发明了第一种电池，后来被称为伏特电池。

伏特电池与我们今天所习惯的小型金属电池有很大的不同。伏特堆是由圆形的铜锌板堆叠而成，中间隔着用盐水浸湿的纸板圆盘。一根铜线连接在这个"堆"的顶部和底部，当铜线的末端被触碰时，电流通过堆叠的圆盘。最终，他的名字被命名为电压单位"伏特"，该名称一直沿用到今天。

由于突破性的发明，伏特一生获得了极高的赞誉。他获得了皇家学会的科普利奖章，当"伏特堆"的原理逐渐普及后，他接受了许多其他勋章和奖项，包括法国荣誉军团勋章，以及1801年，拿破仑授予他的伯爵称号。

瓶盖

专利名称：**瓶封装置**

专 利 号：468, 226

专利日期：1892年2月2日

发 明 者：（马里兰州巴尔的摩市）威廉·佩因特（William Painter）

用途

为瓶装碳酸饮料提供了一个有效的密封装置。

背景

就像集邮一样，锯齿状瓶盖的收集对很多人来说是一种真正的激情，而互联网进一步拉近他们之间的距离。世界各地的瓶盖收藏者通过数百个网站来展示稀有的瓶盖，或为其他收藏者提供交易机会。

锯齿状瓶盖在艺术世界中占有一席之地，常被用于雕塑和设计。

在19世纪末，碳酸饮料有着很大的需求量，但在供应高质量的瓶装产品方面存在诸多问题。当时使用的螺旋帽和其他的瓶塞以及加盖装置都不能牢牢地密封瓶子，一些瓶装饮料逐渐变了味道，如碳酸的口感变淡。在19世纪90年代早期，威廉·佩因特提出了独特的锯齿状瓶盖设计并解决了这些问题。

佩因特的设计优点一方面在于这个常见的锯齿状瓶盖可以固定在瓶口上；另一方面，瓶盖内部的可压缩圆形软垫可以提供防漏密封效果。但是因为他的发明需要对瓶颈的设计做一些改动，所以这个发明并没有立刻被人们接受。佩因特最后成功说服饮料瓶装人员接受了他的创意，从此，他设计的瓶盖持续成为瓶盖行业瓶盖的设计标准，至今变化不大。作为一个灵巧的发明者，佩因特取得了八十多项发明专利权，但是他的锯齿状瓶盖依然是他的最高成就。

如第90页图所示：

瓶口（a）是圆的，外包装表面（a'）也是圆的。

工作原理

直到20世纪60年代，塑料还没有成为人们的首选材料，锯齿状瓶盖制造商仍然使用软木作为瓶盖的内部密封材料。

1. 瓶口下的凹处（c'）锁定瓶肩，稍稍延伸，径直倾斜。

2. 圆形软垫（C）或（C'）放在装满的瓶上，然后把瓶盖（B）放在上面，之后施加很强的下压力。

3. 它的喇叭形边缘（d）向下和向内弯曲与锁定的瓶肩接合。

在获得瓶盖专利两年后，佩因特获得了一项"瓶盖启子"的专利，这正是打开瓶盖所需要的东西。

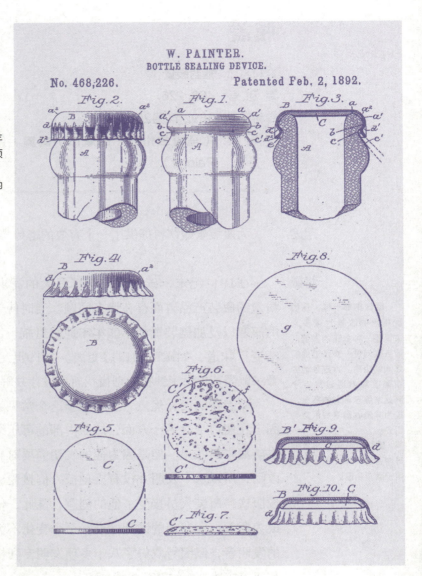

4. 凸缘设计为方便开瓶提供了一个空位置（e），通常使用开瓶装置（通常是一个利用杠杆原理来撬开瓶盖顶部的撬具）开瓶。

发明者的话   "我目前关于密封瓶子的发明是用可压缩的填充物——圆形软垫和金属盖制成的，它们的边缘弯曲并与锁定的瓶肩接合达到密封效果。与此同时，圆形软垫在各种情况下都因受到高强度压力而密封住瓶口。"

1891年的美国计算器

计算器

专 利 名：计算用机器
专利编号：388, 116
专利日期：1888年8月21日
发 明 者：（密苏里州圣路易斯市）威廉·斯沃德·巴罗斯（William Seward Burroughs）

用途　快速解决简单的计算问题的设备。

背景

这位发明家的孙子是具有实验性和开创性的作家威廉·巴罗斯（William Burroughs），他的著作包括《裸体午餐》。

这个发明与我们今天所用的普通电子计算器或电池驱动的计算器没有相似之处。就尺寸而言，它更像一个打字机。就功能而言，它实际上是一个加法计算器，它的乘法计算也是通过多次的加法来完成。但是这个专利是第一个成功的印刷型计算器。在发布这个专利的两年前，巴罗斯和三个合伙人成立了美国计数器公司。他们以高达475美元的价格出售了他们的第一台机器，在19世纪，这样一台机器的售价之高超乎想象。但是当时人们迫切需要一款不同寻常的计算工具。

这些计算器的早期样款价格昂贵，效率低下，而且容易损坏。当时它们的一个共同特征是，用一个手柄来输入数字。拉动这些手柄的不同压力损坏了许多早期加法计算器。巴罗斯的发明包括一种安装在手柄上的液压调节器，因此，无论手柄是被突然地还是轻轻地拉动，施加在机械上的压力是一样的。巴罗斯的计算器也可以把计算结果打印到一张纸条上，这张纸条可以用作记账或收据的凭证。这一创新对办公和商业交易的方式产生了重大的影响。

工作原理

1. 键盘由9列数字组成，按从1到9的升序排列，共9行。

2. 这些键位设置在一个固定于中轴的旋转磁盘上，磁盘的表面标有0到9的数字。

3. 操作员通过敲击键盘并通过一系列机械化操作计算出一个累计的数字。

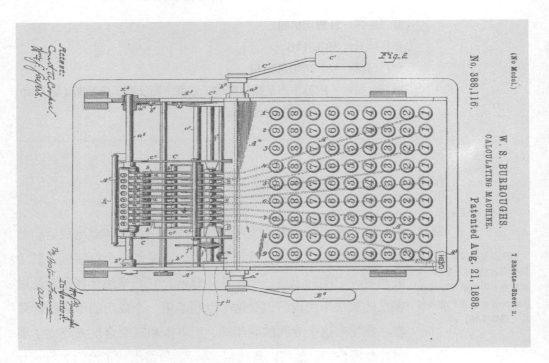

发明者的话

"我的发明涉及的是一种机械辅助数字计算机器。它包括与以下几个部分的整合：一个或多个数字输入器，一系列的独立按键和安装、排列并运行在其间的连接部件。正如下文所述，向输入器输入一系列数字，并通过适当操作按键得到最终计算结果，也可以将结果打印或永久记录下来。"

玻璃纸

专利名称： 纤维素薄膜进行连续制造的步骤、纤维素薄膜进行连续制造的设备

专 利 号： 981,368,991,267

专利日期： 1911年1月10日和1911年5月2日

发 明 者： （法国孚日省）埃德温·布兰登柏格（Edwin Brandenberger）

问："两千年来，你见过的最伟大的发明是什么？"

答："两千年来？是保鲜膜。"

——来自卡尔·赖纳与梅尔·布鲁克斯主演的《2000岁男人》

用途　　提供一种制造透明的纤维素薄膜的方法，其特点是薄、强度高、柔韧度好，能连续生产，并且实际用途广泛。

背景　　梅尔·布鲁克斯（Mel Brooks）在他的传奇喜剧《2000岁男人》中，开玩笑地对偏氯纶保鲜膜表示敬意，他的话并不离谱。但是在偏氯纶问世之前，玻璃纸就已经存在，它为塑料行业的一系列革新开启了大门。然而在最初，塑料仅仅是用作防水材料。

你是最棒的。
你是圣雄甘地，
你是最棒的！
你是拿破仑白兰地。
你是西班牙夏夜的
紫光。
你是英国伦敦国家美
术馆。
你是嘉宝的薪水，
你是玻璃纸！
——科尔·波特
《你是最棒的》

　　有这样一个故事。瑞士化学家埃德温·布兰登柏格在餐厅里发现有一杯酒泼洒到桌布上之后，决定致力于开发一种防污的面料。当时布兰登柏格受雇于一家法国纺织公司，他曾在布料外层涂上一层纤维胶薄膜。但是，当时的人们对他的产品并不感兴趣，他意识到自己找到了方向，于是继续试验液体黏胶，这是一种从植物中提取的纤维素溶液。

1909年7月23日，他申请了两项专利：第一项是透明薄膜的制作过程，另一项则是用于制作透明薄膜的仪器、设备。1911年，这两项专利都被授权。

布兰登柏格将"cellulose"（纤维素）与"diaphanous"（透明的）两个单词结合一起，形成一个新词"cellophane"（玻璃纸）。新一代的产品呈绿色，而且因过于昂贵，除了能为高档产品进行包装外，并无任何他用。后来，布兰登伯格将他的专利转让给赛璐玢股份有限公司（La Cellophane Société Anonyme）。该公司将专利权出售给杜邦玻璃纸公司（Dupont Cellophane Company）。尽管发生了一些声名狼藉的法律纠纷，杜邦公司还是稳稳地控制了这种产品，杜邦公司的科学家们继续完善并以各种形式销售这种产品。陶氏化学公司（Dow Chemical Company）很快就赶上了这股潮流，正是这家公司发明了保鲜膜。

工作原理　　1. 纤维素水溶液，即黄原酸纤维素，通过料斗分布到硫酸盐和氨的溶液中。当二者接触时，黄酸盐纤维素溶液开始凝固。

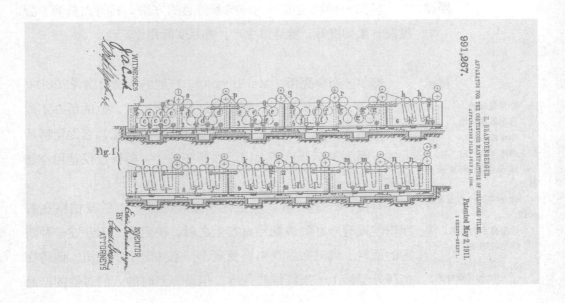

2. 凝固的薄膜立即在氯化钠或海盐的水溶液中进行处理，以除去杂质。

3. 迅速用水稀释过的矿物酸将薄膜进行第三次水洗。在最后不溶状态下，用冷水和热水冲洗薄膜。

4. 如第94页专利图所示，整个过程可在由一系列大桶和滚筒组成的装置中完成。

发明者的话　　"本发明涉及的是一种加工方法，通过该方法可以直接从纤维素的水溶液中，特别是从纤维素黄原酸溶液中，以连续的方式获得长度不定的薄膜。"

口香糖

专利名称： 改良的口香糖
专 利 号： 98,304
专利日期： 1869年12月28日
发 明 者： （俄亥俄州芒特弗农）威廉·F.森普尔（William F.Semple）

用途　　提供以糖为基础的"零食"，同时提供一种积极的咀嚼体验，因为它在口腔里无法被消化。

嚼口香糖在19世纪算不上什么创新。古希腊人咀嚼乳香，即乳香树的树脂；阿兹特克人和玛雅印第安人咀嚼树胶。

由于口香糖在19世纪末的流行，自动售货机应运而生。最早出现在纽约地铁系统的一些自动售货机只出售口香糖。

作为一名牙医，森普尔在为自己的发明申请专利时有着良好的初衷：鼓励人们保持下颌充分锻炼和牙齿清洁。他的橡胶"口香糖"推荐使用的成分包括碳酸盐、木炭和甘草粉——他认为这些成分可以起到洗擦作用。虽然森普尔从未积极推销过他的发明，但他的确为"箭牌"及其他品牌奠定了基础。

与此同时，指挥官安东尼奥·洛佩兹·德·圣安娜（Antonio Lopez de Santa Anna）已经在纽约的斯塔滕岛（Staten Island）定居下来。在军队撤退之前，他领导了对阿拉莫要塞的血腥进攻。他从自己的家乡带来了一大块干树胶，这是一种黏稠无味的人心果树的树脂，他很喜欢嚼。他把树胶介绍给发明家亚当斯（Thomas Adams）。亚当斯进口大量的橡胶是为了制造一种便宜的合成橡胶。他的实验失败了，所以他决定把这种东西改进成口香糖。

1871年，在森普尔获得专利不到两年的时间里，亚当斯开始在新泽西的一家药店里出售他的无味树胶口香糖。亚当斯也是第一个在自动售货机上卖口香糖的人。不久，口香糖有了各种口味，从此开启了口香糖的历史纪元。优秀的牙医森普尔怎么也想不到，他良好的初衷会导致随后几代人蛀牙，含糖口香糖已经成为世界范围内年轻人的主要食物。

1919年，亚当斯制作的加州水果口香糖广告，被认为有一种异国情调。

工作原理　森普尔口香糖的配方很简单：

1. 将橡胶溶解在石脑油和酒精中，直到它变成果冻状。

2. 加入准备好的碳酸盐、甘草粉或其他合适的材料搅拌混合。

3. 享受，如果可能的话。

发明者的话　"我的发明的本质是将橡胶和其他适当的物质按一定比例混合，不仅可以制成一种令人愉快的口香糖，而且，从它的洗刷性能来看，它还可以起到洁牙的作用。"

"众所周知，橡胶本身太硬了，不能用作口香糖，但与无黏性的配料结合起来，就可以被牙齿咬成任何形状。"

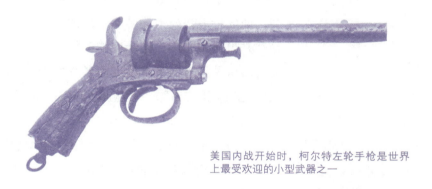

美国内战开始时，柯尔特左轮手枪是世界上最受欢迎的小型武器之一

柯尔特左轮手枪

专利名称： 火器的改进

专 利 号： 9430X

专利日期： 1836年2月25日

发 明 者： （康涅狄格州哈特福德）塞缪尔·柯尔特（Samuel Colt）

上帝没有使所有的人平等，而塞缪尔·柯尔特做到了。

——美国西部的流行语

用途　这种便携式武器含有多发子弹，可以快速连续地发射。

背景

塞缪尔·柯尔特的这项发明将火器从单发装置转变为多发装置。他发明了一个旋转弹膛，在弹仓尾端加了雷帽，并对雷帽之间进行隔断，上面再加上一个挡板用来防止潮湿和烟雾的影响，并且用新颖的方法做成了击锤和扳机之间的连杆。同年，他获得了自己的第一个美国专利，在新泽西州建立了一家生产枪支的工厂。但经历了6年的时间，柯尔特的枪才赢得广泛的关注。1842年，他的专利武器制造公司倒闭了。

柯尔特把注意力转移到了其他地方，并且发明了一种可以通过远程遥控来引爆炸药的装置。随即，他的注意力又回到枪支上。1847年，美国陆军与他签订了生产1000支转轮式手枪的合同，用于墨西哥战争，他的生意重新开始了。在南北战争期间，他的枪很快成为最受欢迎的武器。柯尔特继续打磨他的产品，并最终生产出一种金属弹药筒左轮手枪，大大减少了枪支失火。这种型号因其准确度而备受推崇。它被命名为"柯尔特45口径和平缔造者"，并迅速成为美国西部的首选枪支。

澳大利亚人迈克·欧德怀尔（Mike O'Dwyer）利用电子弹道学技术，发明了一种每分钟可发射100万发子弹的武器。在不到四分之一秒的时间内，用36个桶捆绑在一起的试爆弹将15扇木门变成了小碎片。

工作原理

塞缪尔·柯尔特是一位真正的企业家，懂得融资的妙处。他化名"库尔特医生"，购买了足够的一氧化二氮，在全国巡演赚钱，展示笑气的效果。

1. 击锤作用于支点上，扳机杆将击锤后拉。

2. 当弹仓与各自的腔体对齐时，锤子上的销状凸起将弹仓

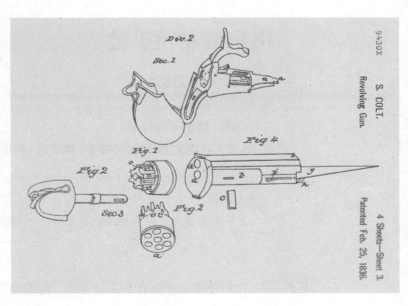

锁在适当的位置。

3. 从锤柄扣动扳机，向前推动弹簧装置。

4. 弹簧将雷帽推到枪管中，雷帽爆炸并释放载荷。

发明者的话　　"使用这些枪的许多优点中，除了它们所携带的弹药数量大之外，第一是装弹更容易；第二，有防湿的外部装置；第三，防烟锁使其不受火药烟雾的影响；第四，在雷帽之间使用隔层，防止火从雷帽传到相邻的火源；第五，在弹仓的尾端，击锤敲击雷帽不会引起震动，避免了视线偏离；第六，弹仓的重量和位置能使手保持稳定；第七，连续射击的速度非常快，仅需拉回击锤和扣动扳机来实现。"

吸管

专利名称： 人造吸管

专利编号： 375，962

专利时间： 1888年1月3日

发　明　者： （华盛顿州哥伦比亚特区）马尔文·C. 斯通（Marvin C.Stone）

用途　　提供一种通过细长管道吸吮饮料和药品的方法，而不是直接与盛有液体的容器接触。

背景　　直到19世纪80年代末，像黑麦或空心芦苇这样的天然草被用作吸管和给药的手段。后来，英国为纸质吸管申请了专利。今天吸管的前身是由美国纸烟嘴制造商斯通发明的。在合成塑料出现之前，斯通想到把石蜡涂在马尼拉纸上，然后加工成一根管子，改良了吸管。最后，又发明出一种机器，可以把纸卷成管状。

他的公司用来制造这种管子的螺旋缠绕技术可能比吸管本身更有专利价值。虽然塑料很快取代纸张成为吸管的首选材料，但斯通的螺旋缠绕法现在被广泛应用于制造电子元件和各种行业的无数其他产品。

如下图所示：

工作原理

1. 纸张（A）被切割，切成互为平行的斜边（a、b）。

2. 纸的一边塞进圆柱形主轴上的狭缝（d），主轴以螺旋运动将纸缠绕起来，形成管状。

3. 预先放到纸的对边的胶黏剂（e）将管子固定。

4. 然后，将管子浸入一桶熔化的石蜡中密封，使其可以耐受将要被插入的液体。

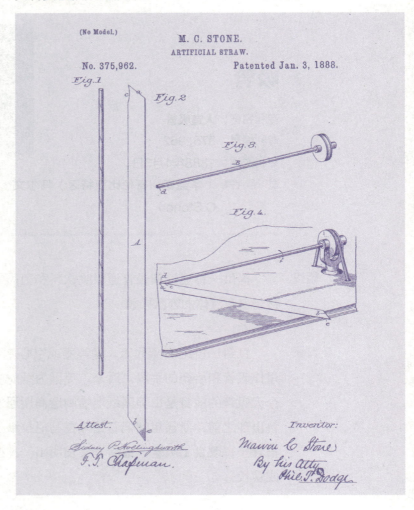

"我的发明的目的是提供一种廉价、耐用、无异味的天然吸管的替代品,这种吸管通常用于吸吮药物、饮料等。为了实现这个目的,它本质上是由一根吸管组成的,这种吸管是将一条纸带缠绕成管状,然后用一种黏合材料固定住最后的边缘或外部边缘,整个吸管都涂上石蜡或其他防水材料。"

李维斯特劳斯蓝色牛仔裤

专利名称: 紧固口袋开口的改进

专 利 号: 139, 121

专利日期: 1873年5月20日

发 明 者: (内华达州里诺)雅各布·W. 戴维斯(Jacob W. Davis),转让给他本人和加利福尼亚州旧金山市的李维斯特劳斯公司

用途

耐用、舒适的裤子,非常适合体力劳动,接缝非常坚固,包括口袋周围的接缝,用铆钉加固。

背景

牛仔布诞生之前,用于制作结实裤子的纺织品通常来自意大利热那亚。法国的织布工称此类材料为基恩,后来用英语翻译成"牛仔裤"。同样,当意大利制造的纺织品被法国尼姆制造的柔软面料取代时,它被称为尼姆面料,美国人称之为"牛仔布"。

李维斯特劳斯公司认为,我们今天所了解的蓝色牛仔裤正式诞生于1873年5月20日。其实,牛仔布早已存在,经常用于制作耐用的工作服。李维·斯特劳斯(Levi Strauss)是土生土长的德国人,在采矿业繁荣时期,已经是一位成功的企业家。他的公司在美国西部的旧金山生产蓝色牛仔裤。

来自拉脱维亚里诺的裁缝戴维斯定期从李维斯特劳斯公司订购布料。事情是这样的,戴维斯的一位客户定期返回投诉伪劣的接缝,这些接缝显然容易被撕裂。精明的裁缝用金属铆钉很简单地解决了这个问题。小金属加强件可以在最关键的接合处固定到牛仔布中,如口袋角。戴维斯的想法在他的客户那里很受欢迎,但他无法承担为他的想法申请专利所需的69美元。

因为需要资金支持，他与李维·斯特劳斯合作。铆钉的概念仍然被公司使用，但经常取代超耐用的缝合，一定程度上作为对时尚的让步。蓝色牛仔裤再也不只是矿工和其他劳动者的工作服，现已成为世界上最流行的休闲服装。

工作原理

1936年，李维斯特劳斯公司通过在牛仔裤的后袋上缝制其小红色标志性旗帜，引入了品牌识别概念。这是第一个缝在衣服外面的标签。

目前认为被称为"XX"的世界上最古老的李维斯特劳斯公司牛仔裤，于1879年制造，并存放在该公司旧金山档案馆的防火保险箱内，估计它们的价值超过15万美元。

金属铆钉穿过接缝末端的孔，将两块布牢固地固定在一起。然后将其"向下"或在两侧压缩，牢固地固定接缝。

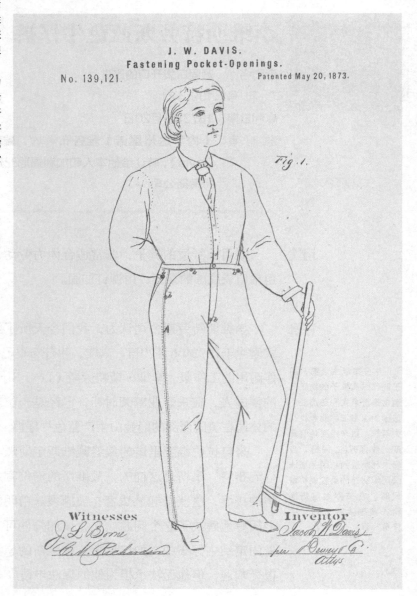

　　　"我的发明涉及一种口袋开口的紧固件，通过这种紧固件，缝合的接缝不会被撕开，也不会因频繁的压力或拉扯而断裂。"

光纤

专利名称： 熔融石英光波导，生产光导纤维的方法

专 利 号： 3,569,915；3,711,262

专利日期： 1972年5月2日，1973年1月16日

发 明 者： 唐纳德·B.凯克（Donald B. Keck）、彼得·C.舒尔兹（Peter C. Schulz）和罗伯特·D. 毛雷尔（Robert D. Maurer），纽约康宁玻璃厂所有

用途　　　通过连续的内部反射，这种纤维通过光束传输信息。

背景　　　光纤的问世是一项革命性的发明，与1880年亚历山大·贝尔（Alexander Bell）的研究衔接。在贝尔那个时代之前，他发明了一种自己称之为"照相电话机"的仪器，它通过光束传送声音。这项发明是当今电信行业中直接使用光纤的先驱。然而，贝尔无法解决与光源干扰有关的问题，因此无法完善自

光纤的最初用途之一是医疗用途。这种纤维被用于内窥镜，可以从人体内部获取图像。

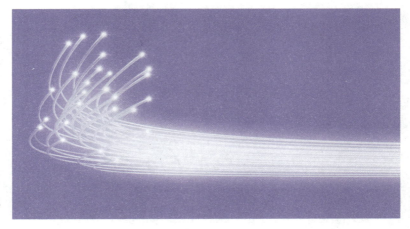

光穿过光纤比穿过大气效率更高

己的发明。光纤将被证实，它比贝尔当初的构想有着更为完备的功能。光纤通常由玻璃或塑料制成，具有可弯曲、透明的特点，通过连续的内部反射传输信息。

1970年5月11日，康宁玻璃厂的三位研究人员申请了两项专利：一项用于光纤本身，另一项是光纤的生产方法。当年早些时候，他们生产的光纤拥有数据承载能力——比铜线超过6万倍。

并不只是三位研究人员意识到光纤具有巨大潜力，工程师们一直试图完善它，但无法解决一个根本问题：当它穿过光纤

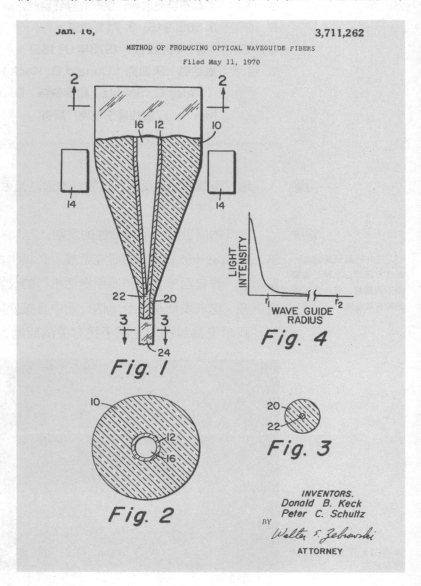

时会保持大量的光线。康宁玻璃厂三人组提出了一项独特的波导创新技术。这将证明是一项巨大的成就，它首先应用于长途电话通信，并最终改变了全球的多媒体通信。

如第104页图所示：

工作原理
1. 光纤的生产始于掺有氧化锡、氧化钛或几种其他掺杂剂材料的熔融石英棒，这些材料可提高光折射率。

2. 将棒插入熔融石英管中，然后升高棒—管组合的温度，直到其具有足够的黏度才被拉入线或纤维中。

3. 发射器产生并编码光信号。信号穿过图1（Fig1）和图2（Fig2）中波导（10）的芯（30）。

4. 它们被由纯熔融石英或微掺杂熔融石英制成的镜面包层（20）折射。光接收器对在光信号中传播的数据进行解码。

发明者的话
"熔融石英具有优异的透光性能，因为它吸收光能，而且材料的固有光散射非常低。在熔融石英中发生的光散射主要是由于杂质的存在而不是材料本身的固有性质造成的。此外，熔融二氧化硅是一种非常坚硬的材料，一旦形成光波导，就具有高度抗高温、腐蚀性大气和其他恶劣环境破坏的特性。"

皮礼士自动取糖机

专利名称： 皮礼士自动取糖机
专 利 号： 2,620,061
专利日期： 1949年12月2日
发 明 者： （奥地利维也纳市）奥斯卡·乌哈（Oskar Uxa），转让给奥地利穆尔巴赫阿特湖的爱德华·哈斯（Eduard Haas）

用途
提供一种新颖的方法，从弹簧式塑料容器中分次拿取小矩形糖果，因为很像玩具所以很吸引幼儿，同时因为盒子上的各种形象也很吸引喜爱收藏的人。

背景　　1927年，奥地利爱德华·哈斯三世在一位化学家的帮助下，设计了一种冷压工艺，以便廉价地制作薄荷片。他们将薄荷片设计成矩形，以便机器更有效地进行包装。哈斯开始把他设计的薄荷片作为戒烟辅助剂来营销。PEZ这个名字来自德语单词"Pfefferminz"（薄荷）的缩写。也许是为了进一步发挥它作为戒烟辅助剂的吸引力，20年后，模仿点燃香烟的自动取糖机获得了专利。

哈斯的公司蓬勃发展。1950年，他在北美销售商品时，广告活动针对的是孩子，很快自动取糖机上有了人物头像。自动取糖机上出现的第一批形象有圣诞老人和大力水手。在欧洲，人们一直以为皮礼士不过是一个装着糖果的新奇小包装盒，可是这种小包装盒是美国人无法抗拒的新鲜事物。如今，有摩登原始人和芭比娃娃人物形象的老式皮礼士自动取糖机被认为是热门收藏品。

皮礼士博物馆里的带表情符号的皮礼士自动取糖机（博物馆里收藏着所有出售过的皮礼士自动取糖机）

工作原理　　1. 一个椭圆形的塑料容器，顶部有一个开口，一个可移动的底座，里面装着一堆药片状的糖果。

　　2. 取糖机外部是外壳，底部安有弹簧，该弹簧设置成抵靠内部容器的可移动底座。

　　3. 顶部的销弹簧铰链设置为在拇指压力下容易打开并且在释放时快速关闭。

　　4. 当拇指片接合时，内部的推力构件通过开口自动推出一片糖。片剂的移除自动触发弹簧通过内部容器的可移动基座向上推动片剂聚集。

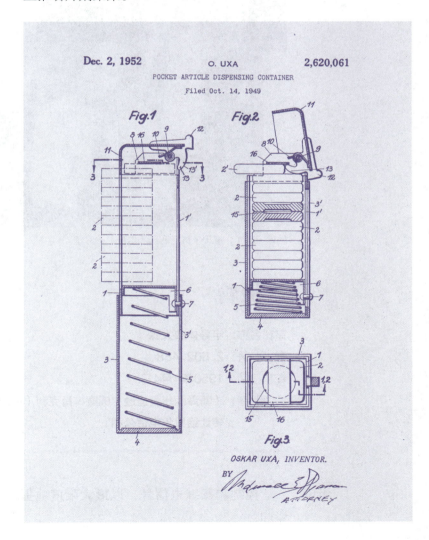

发明者的话　　"本发明涉及一种带铰链盖的适用于传递物品的口袋容器，如软糖、片剂、糖果、香烟等，可以用一只手打开或关闭容器，并在卫生、未变质的情况下将商品呈现给使用者。单手操作的可能性不仅对只有一只手的人很重要，而且对经常只有一只手空出来的人（如机动车司机），或者从事的工作会使自己的手沾满灰尘的人也很重要。"

约翰·巴丁、威廉·肖克利和沃尔特·布兰登

三极管

专利名称：**半导体放大器**

专 利 号：2, 502, 488

专利日期：1950年4月4日

发 明 者：（新泽西州麦迪逊）威廉·肖克利（William Shockley），
　　　　　转让给贝尔电话公司

用途　　控制和操纵电信号，以最大限度地提高能源效率并节省空间。

威廉·肖克利与约翰·巴丁（John Bardeen）和沃尔特·布兰登（Walter Brattain）两位同事一起被授予使用半导体材料的三电极电路元件的另一项专利（专利号2,524,035）。该专利有助于创造一种可以放大电流的固态器件——晶体管。因为这一项伟大的贡献，三位发明家分享了1956年的诺贝尔奖。晶体管彻底改变了现代电子设备——取代了真空管，并成为微芯片和计算机技术的关键组成部分。在晶体管出现之前，真空管是放大电子信号或用作开关器件的唯一方法。这种晶体管比真空管更小，更轻，更耐用，更可靠，它将取代真空管的功能，并标志着电子技术，特别是无线电技术和计算机技术迈入新时代。

但晶体管并没有一夜成名。多年来，晶体管的销售情况并不乐观。它的价格高于真空管，这一点显然大于它的吸引力。然而，最终，电子产品小型化的趋势使真空管边缘化，同时晶体管也越来越小，越来越便宜。当曾是科幻概念的计算机成为工作场所内一个非常真实的特征，这被证明是历史上的一个转折点。如今，很多人无法想象没有计算机技术的生活。事实上，晶体管是集成电路的技术之父，它由连接数百万个微型晶体管的微芯片组成。

工作原理　　晶体管既可作为微小的开关，又可作为电源放大器。像水龙头阀门一样，它可以打开电流并控制流量。基极、集电极和发射极构成晶体管的三个基本部分。底座的作用类似于控制阀，打开和关闭接收器提供的更大电力供应，并像水龙头一样将其分散通过发射器，见第110页图示。

1. 在半导体（p型和n型）中分离两种类型的电载流子是高电阻电屏障（12）。

2. 半导体两端的大面积连接（13）（14）由焊料或电镀金属涂层形成。

3. 导电点触点（15）与屏障相邻。

4. 由接触引入的电流导致电子聚集并形成更有效的电通道。

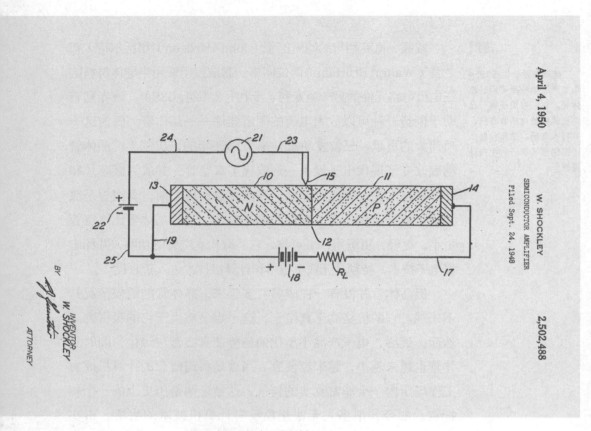

April 4, 1950

W. SHOCKLEY

SEMICONDUCTOR AMPLIFIER

Filed Sept. 24, 1948

2,502,488

图示中是一块半导体材料

构成晶体管、导体和绝缘体的材料对其成功至关重要。导体传递电流，绝缘体不传递电流。今天晶体管的基础材料纯硅被认为是一种半导体。这三位发明家都知道，硅或锗的半导体特性可以被用来制造一种更有效和更关键的电子元件。

发明者的话　　"本发明涉及转换或控制电信号的手段和方法，尤其涉及使用半导体的电路元件及包括这些元件的系统。"

"本发明的目的是提供新的与改进的转化、控制电信号的手段和方法，比如，对电信号做放大、产生、调制等改变。"

"本发明的另一个目的是实现电能的高效、快速和经济转换或控制。"

计算机时代大事年表

计算机技术在过去三十多年中呈指数级增长，新机器和处理器的出现如此之快，以至于一些机器在推向市场几年后就过时了。然而，计算机的早期发展并没有如此闪电般的速度。现代计算机的第一个先行者是笨重、缓慢的庞然大物，直到最近，似乎只有大型实验室里训练有素的专业人员才使用巨型计算机。

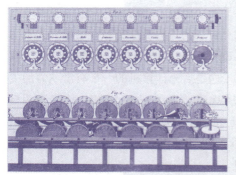

19岁的时候，布莱士·帕斯卡发明了第一台计算器

◀1642年　第一个原油计算器：一组连接轮子的齿轮，由法国数学家、哲学家和科学家布莱士·帕斯卡（Blaise Pascal）发明。

16世纪70年代早期　德国数学家戈特弗里德·威廉·莱布尼兹（Gottfried Wilhelm Leibniz）改进了帕斯卡的计算器，添加了允许机器进行乘除运算的组件。莱布尼兹还开发了二进制系统，它为执行基于十进制的操作提供了快捷方式。

19世纪中期　英国逻辑学家和数学家乔治·布尔（George Boole）对二进制系统进行了改进，该系统只用两个数字0和1表示数据。到今天为止，难以置信的复杂计算都是使用基于"布尔日志"的软件进行的。

1801年　约瑟夫·玛丽·雅卡尔（Joseph Marie Jacquard）开发了一种穿孔卡片系统，使织机实现自动化。在编织过程中，用穿孔形成的图案卡片来引导针。这些孔（及没有孔）复制了二进制系统的1和0这两个数字。

查尔斯·巴贝奇

◀18世纪30年代　英国数学家查尔斯·巴贝奇（Charles Babbage）使用穿孔卡技术开发出一种机械计算机，可存储多组穿孔卡，供以后复杂操作参考。

1890年　美国发明家和商人赫尔曼·霍勒瑞斯（Herman Hollerith）创造了一台机器，该机器使用穿孔卡系统将1890年人口普查的结果制成表格。他的机器被认为是第一台成功的计算机。

1914年　国际商业机器公司（IBM）成立。该公司是霍勒瑞斯制表机器公司的产物。

1944年　哈佛大学教授霍华德·艾肯（Howard Aiken）建造了Mark 1，一种由机电开关设备控制的数字计算机。

1945年　宾夕法尼亚大学的两位工程师约翰·埃克特（J. Presper Eckert）和约翰·威廉·莫奇利（John William Mauchly）开发了电

子数字积分器和计算机ENIAC。巨型计算机占地超过1393.5456平方米，需要1.8万个真空管来运行。

威廉·肖克利

◀1947年　威廉·肖克利领导的贝尔电话实验室（Bell Telephone Laboratories）的科学家发明了这种晶体管。晶体管比真空管更小，更轻，更耐用，更可靠，其创造标志着计算机技术迎来新时代。晶体管的主要功能是快速打开和关闭电流，并在需要时放大流量。

1951年　埃克特和莫奇利与计算机逻辑领域的早期先驱约翰·冯·诺伊曼（John von Neumann）合作，开发EDVAC（离散变量自动电子计算机），这是后来计算机的一个有影响力的先驱。同年晚些时候，埃克特和莫奇利也完成了UNIVAC（通用自动计算机），成为第一台商业上可行的计算机。

1958年　美国工程师西摩·克雷（Seymour Cray）设计了第一台完全由晶体管供电的计算机。

1959年　IBM公布了其首款晶体管计算机。

1959年　最早的集成电路被引进，也被称为计算机芯片（或硅芯片）。计算机技术的小型化开始了。

20世纪60年代后期　企业开始更多地依赖计算机并将它们连接到网络中。

20世纪60年代末　美国国防部开发了一种将所有计算机连接在一起的方法，作为遇到攻击或发生自然灾害时的预防措施。该网络被称为ARPAnet（阿帕网）。最终，企业、大学和其他机构将它们自己的系统连接到这个全国性的网络，创造了今天所知的互联网。

20世纪70年代早期　随着芯片技术的发展，越来越多的信息可以存储在越来越小的空间，计算机体积变得越来越小。

Altair（牛郎星）8800计算机

◀1975年1月　Altair（牛郎星）8800计算机——一个基于英特尔8080处理器能自己安装的"个人计算机"由位于新墨西哥州阿尔伯克基的微型仪器和遥感系统公司（MITS）通过邮购销售。流行电子杂志将其作为封面故事。这个名字来自电视节目《星际迷航》，并由MITS的老板爱德华·罗伯茨（Ed Roberts）的女儿提出。

1977年　史蒂夫·乔布斯和史蒂芬·G.沃兹尼亚克（Stephen G. Wozniak）对牛郎星（Altair）计算机很感兴趣，但是买不起，于是他们自己造了一台。他们继续开发Apple II个人计算机。这种相对便宜的机器易于使用，对于没有受过专门计算机培训的普通人来说也很实用。

小企业、家庭、学生和学校开始购买计算机。

使用MS DOS操作系统的老式IBM计算机

◀1981年　IBM推出了它的个人计算机版本。很快，它的受欢迎程度就超过了Apple II。

1984年　苹果公司推出麦金塔计算机加入了竞争。麦金塔是一款简单易用的台式计算机，因其易于使用的图形和设计程序而受到公众的欢迎。

◀1991年　英国人蒂姆·伯纳斯–李（Tim Berners-Lee）开发了超文本标记语言（HTML），然后使用新代码发明了万维网。因特网第一次引入了图形、视频、声音和其他特性。伯纳斯–李还设计了Web上使用的通用地址系统，也称为统一资源定位器（Uniform Resource Locator，URL），它为每个网站提供其唯一的地址。

蒂姆·伯纳斯–李发明了万维网，并确保它对所有人都是免费的

20世纪90年代末　万维网成为世界各地人们使用的一种非常流行的通用媒体。电子邮件、网页、在线零售和聊天室都成为流行术语的一部分。1998年谷歌公司成立。

2003年　AMD（美国超威半导体公司）的第一个64位处理器Athlon 64正式进入消费市场。

2007年及以后　苹果公司的史蒂夫·乔布斯在2007年推出了iPhone——iPhone为智能手机，引入了许多电脑功能；2010年推出了iPad，平板电脑一飞冲天。随着3G技术的发展，人们无论走到哪里都可以方便地访问互联网。

尼龙搭扣

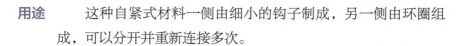

专利名称： 天鹅绒型织物及其制造方法
专 利 号： 2, 717, 437
专利日期： 1955年9月13日
发 明 者： （瑞士沃州普朗然）乔治·德·梅斯特拉尔（George de Mestral）

用途　这种自紧式材料一侧由细小的钩子制成，另一侧由环圈组成，可以分开并重新连接多次。

背景

尼龙搭扣并非完全地用于生产实践。例如，它是人类表演特技中的一个重要组成部分，像最受欢迎的跑动、跳跃和木棍戏法，都需要用到一套尼龙搭扣和一堵有尼龙搭扣的墙。

现在，尼龙搭扣既是一种商标产品，也是制造它的公司的名称。

1948年，瑞士发明家乔治·德·梅斯特拉尔带着他的狗在森林里散步回来，发现自己和狗身上都粘满了苍耳。他对它们粘在一起的原因很感兴趣，于是在显微镜下观察这些毛刺，看到了从核心处突出的天然抓环钩子。他决定根据毛刺的附着特性发明一种织物。他与一位法国编织师合作，几年后，完善了他所谓的"魔术贴"（Velcro），这是velour（天鹅绒）和crochet（钩针）两个词的组合。

作为纺织史上最重要的一项小发明，尼龙搭扣已经找到了无数的实际用途。

除了替换衣服、鞋子和钱包上的拉链和纽扣，尼龙搭扣还有无数更实用的用途。它的吸引力在于它能瞬间粘在一起，并

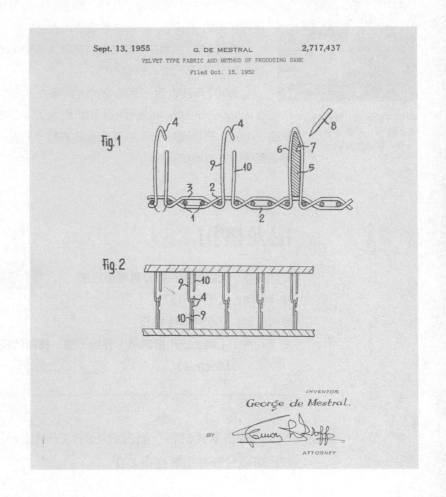

伴随着令人满意的声音迅速撕开。它甚至被用来在航天飞机上保持设备的位置。

如第114页图所示：

工作原理
1. 一种基础材料由纬线（1）和经线（2）组成。

2. 经线（2）（3）编织成凸起的绒毛（9）（10）。

3. 螺纹（9）在端部向下弯曲，形成钩（4）。

4. 当钩面与尼龙搭扣的桩面接触时，钩面与桩面粘结，形成紧密整齐的密封。

发明者的话
"本发明是一种天鹅绒织物，包括由纬线和经线组成的基础结构，其中经线包含以预定长度切割的螺纹，从而形成凸起的绒头。我的新织物与其他类似织物的区别在于，凸起的绒头是由人造材料制成的，而绒头中至少一部分线在其端部附近提供了材料接合装置，这是为了黏附在类似织物上或便于擦洗。"

拉链

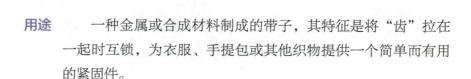

专利名称： 鞋扣或鞋子解锁器
专 利 号： 504,038
专利日期： 1893年8月29日
发 明 者：（伊利诺伊州芝加哥市）惠特科姆·L.贾德森（Whitcomb L. Judson）

用途
一种金属或合成材料制成的带子，其特征是将"齿"拉在一起时互锁，为衣服、手提包或其他织物提供一个简单而有用的紧固件。

背景
和许多伟大的发明一样，拉链也是为了解决个人问题而出现的。

贾德森由于体型庞大，自己系鞋带有困难，受到启发后发明了这种机械装置。

在1893年的芝加哥世界博览会上，贾德森在鞋子上展示了他的锁扣机制。显然，没有多少人留下深刻印象，人们觉得那个锁扣既笨重又难看。互锁扣环相距很远，用于操作的环又相当大。作为普通扣环或鞋带的替代品，扣环锁扣显得过于显眼。然而，缝制在难看的鞋子上的锁扣展示了一些对现代拉链的定义原则。

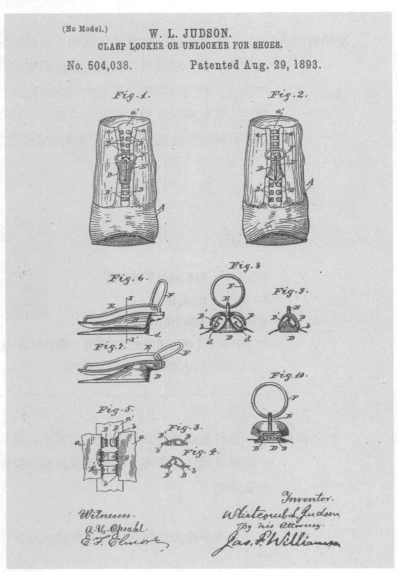

工作原理 1. 带有互锁部件的钩形扣具仅在与应变线成一定角度时才能啮合。

2. 在扣钩前端处的重叠或失灵的突起防止了钩子的脱离。

3. 一种可移动的导轨，包括用于卡扣的凸轮通道，允许卡扣在一次运动中接合或分离。

发明者的话 "本发明是专为鞋用紧固件而设计的，但适用于任何由连锁部件组成的搭扣，如邮袋、皮带和连接柔性体接缝的闭合。"

芝宝打火机

专利名称: 袖珍打火机
专 利 号: 2,032,695
专利日期: 1936年3月3日
发 明 者: （宾夕法尼亚州布拉德福德）乔治·吉梅拉（George Gimera）和乔治·G.布莱斯德尔（George G. Blaisdell），转让给芝宝制造公司

用途 这种便携的、口袋大小的、可重复使用的设备提供火焰，特别是用于点燃烟料，如纸烟或雪茄。

背景 第一个芝宝打火机是1932年推出的，售价为1.95美元。在大萧条时期，这是一个昂贵的价格。但布莱斯德尔——后来被称为芝宝先生，决心生产和销售一种高质量的产品。他的一个出色的营销策略就是提供终身保修。在大多数人还不认为吸烟是一种坏习惯的时候，对外观锐利、防风的打火机提供终身保修是一个吸引人的特点。

芝宝公司自成立以来，已经生产了5亿多只打火机。

战地记者厄尼·派尔（Ernie Pyle）在文章中谈到了第二次世界大战期间对芝宝打火机的巨大需求，称它是"军队里最令人垂涎的东西"。

如今，芝宝打火机为其持有者代言两件事：一是你认真对

待吸烟，二是你认真对待自己的风格。当一个陌生人在火车站要借火的时候，没有什么比漫不经心地轻弹芝宝盖子和瞬间喷出的火焰更酷的了。其别致紧凑、可重复充气的设计也使其成为个人纪念品。

如下图所示：

工作原理　　1. 一个套管容纳两个布置好的中空构件（1）（2），它们一个紧贴着另一个。

2. 顶板（3）包围内壳体。

3. 在板的顶部中心，有一个带有通风孔的椭圆形挡风玻璃（6）。

4. 在一侧，支撑有齿轮（9）以接合加长的火石（11）。

5. 顶板与齿轮相对侧的小铰链（19）连接到外壳的盖（18）。

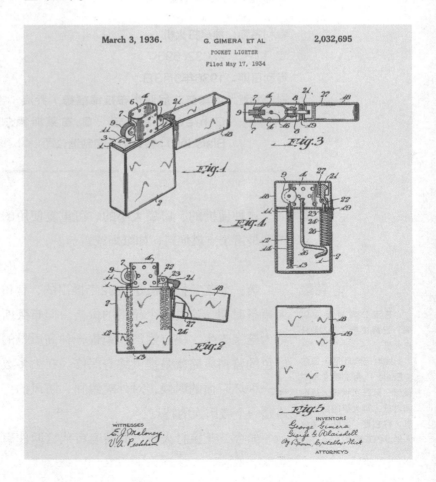

6. 当盖子打开时，大拇指在轮子上向下一挥，就会在火石上产生火花。火花是由从打火机内部延伸出来的灯芯和打火机储液罐点燃的。

7. 点着后，等一会儿，不要吸第一口气——否则你会吸入丁烷。

发明者的话　　"在袖珍打火机的上端装有带铰链的打火机盖子，如要使打火机的上端满意，就必须有能把盖子合上的装置。此外，打火机还必须有防止盖子过早合上并在盖子打开后熄灭火焰的装置。在目前所知的打火机中，这些方法采用外露的门闩、内部弹簧和杠杆的形式，它们会占用打火机的空间，降低其储存易燃打火机液体的能力。此外，外露的门闩很容易卡在衣服里、在口袋里不小心被启动，积聚污垢。这种打火机结构复杂，经常出现故障，但必须以便宜的方式制造，才能以低廉的价格销售。"

THREE

第三章

非常人性化的发明

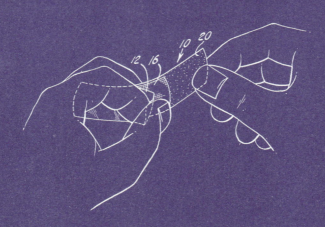

黏性绷带

专 利 号：2, 823, 672
专利日期：1958年2月18日
发 明 者：（纽约州布朗克斯维尔）彼得·施拉德蒙德（Peter
　　　　　Schladermundt）、（纽约州比赫斯特）威廉·H. 登纳莱
　　　　　因（William H.Dennerlein），由强生公司所有

用途　　世界各地使用创可贴绷带来治疗轻微烧伤和割伤；使用无
菌纱布垫保护伤口，吸收血液，同时促进康复。

背景　　创可贴的故事实际上可以追溯到这项专利颁发前的38年，
即1920年，当时，有一对新婚夫妇住在新泽西州新布伦瑞克。
丈夫厄尔·迪克森（Earle Dickson）就职于强生公司，这是一
家专业生产外科敷料的公司；妻子约瑟芬是个家庭主妇，在厨

1952年，强生公司的创可贴广告

房里经常出现意外。迪克森发现自己经常要处理妻子的割伤和烧伤，因次他突然想到要把几块纱布粘在胶带上，以防妻子再次出事。

迪克森很快就说服了强生公司：这些现成绷带的想法可能具有商业吸引力。强生公司在1921年开始谨慎地生产第一批黏合剂绷带。手工制作的带子宽7.62厘米，长45.72厘米，但并没有一夜成功，只是这个想法最终被坚持了下来。1924年，公司安装了批量生产新产品的机器，并采用了商标"创可贴"。迪克森被任命为该公司的副总裁，这大概可以让他更频繁地带妻子出去吃饭了。

1951年，塑料创可贴问世。这项发明与我们现在使用的创可贴是近亲。具体来说，该发明解决了之前产品存在的一些问题（如剥离条与无菌垫周围的胶黏剂接触过多，可能会导致无菌垫与未消毒的手指意外接触）。

工作原理　　1. 一种黏性绷带，分为外带和内衬带。

2. 内衬带在具有吸收性的消毒敷垫处重叠。

3. 外带的内面涂有黏合剂。

4. 内衬带在敷垫处分开，成为上下重叠且不黏合的两层，使用时，可快速地将内衬带剥离。

发明者的话　　"黏性绷带，这个术语在这里不仅指长条敷带，还指外带内面有圆形'斑点'和方形'斑块'状敷带。它的外带可以由布或塑料制作，内面涂有黏合剂，敷垫固定在黏合剂上。敷垫的两端暴露着黏合剂部分，用来黏合内衬带。然而，在长条敷带中，经常在敷垫侧面出现黏合剂外露的区域，只是比敷垫两端外露的区域小。相对而言，有圆形'斑点'和方形'斑块'状敷带，它们侧面暴露的黏合剂区域所占比例较大，通常与两端黏合剂外露区域一样大。因此，本发明涉及长条敷带、圆形'斑点'状和方形'斑块'状敷带。"

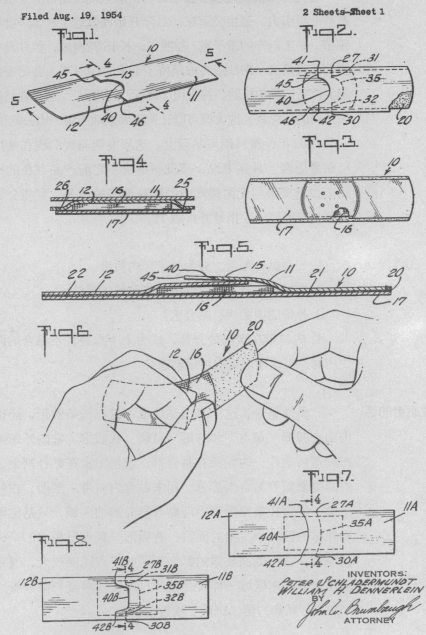

INVENTORS:
PETER SCHLADERMUNDT
WILLIAM H. DENNERLEIN
BY
John W. Brumbaugh
ATTORNEY

124

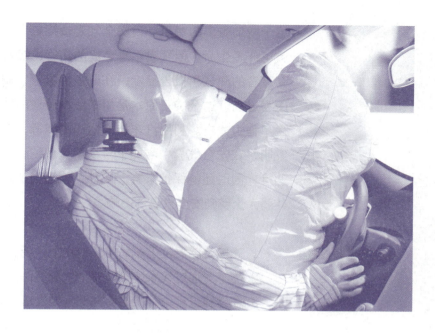

安全气囊

专利名称： 带排气装置的安全气囊约束系统

专 利 号： 5,071,161

专利日期： 1991年12月10日

发 明 者：（新泽西州里奇伍德）杰弗里·L.马洪（Geoffrey L. Mahon）、（新泽西州布恩顿镇）艾伦·布瑞德（Allen Breed）

用途　　在遭遇撞击时，安全气囊迅速充气膨胀，在驾驶员或乘客与汽车内部、挡风玻璃等之间形成缓冲，防止车祸中人员受到伤害并挽救生命。

背景　　1968年，艾伦·布瑞德发明了一种汽车传感器和安全系统——采用了世界上第一个机电式汽车安全气囊系统。到1973年，通用汽车公司开始测试其第一批安全气囊。汽车行业已经充分意识到，消费者对驾驶员和乘客安全的担忧日益增加，但公众需求并没有要求气囊成为汽车的常规配置，而且行业也不急于增加更多的费用。当安全气囊最终成为标准配置时，它挽救了许多生命。但气囊本身造成的伤害也经常被报道。对事故受害者的测试和报告显示，在许多情况下，安全气囊在膨胀时压力过高。这个袋子原本是用来缓冲碰撞的冲击，反而自身产生了强力冲击。利用汽车技术公司的资源，布瑞德改进了他的发明，在安全气囊中增加了一个通风系统，它可以缓冲撞击的速度，同时还能保护乘客。此外，他还提醒道，切勿让幼童或体弱人士受到安全气囊的影响。

工作原理　　1. 碰撞传感器位于车辆前部的几个区域。
　　　　　　　　2. 传感器通过线束连接到安全气囊组件。
　　　　　　　　3. 在碰撞过程中，传感器向充气罐发送电火花。
　　　　　　　　4. 在传感器关闭后的一秒钟内，氮气以209.21~321.87km/h的

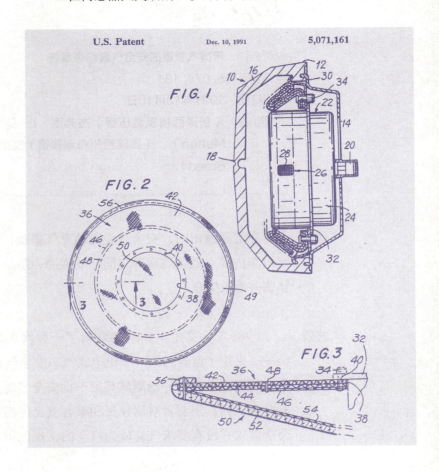

速度向气囊充气。

　　5. 改进后的安全气囊通风口允许以预先选择的速度轻微放气，以消除乘客与安全气囊在二次碰撞时造成伤害。

发明者的话　　"理想状态下，车辆在发生撞击的瞬间产生恒定的作用力，使得乘客们能够有效利用车内的空间。这样的作用力是消减乘客动量时所需的最小力量。"

　　"最坏的状态下，发生撞击后车辆完全变形并停下不动。其间，乘客在被撞离车厢之前，没有受到任何约束力，所以会出现撞击方向盘、挡风玻璃、仪表板的情形。取决于这些部件的形态（一般来说，这时它们不再是一个整体，所施加的只是局部作用力），乘客将在较短的距离内经受动量变化带来的巨大压力。"

　　"现实中可以实现的目标介于这两个极端之间。"

空调

专利名称：空气处理装置
专　利　号：808, 897
专利日期：1906年1月2日
发　明　者：（纽约州布法罗）威利斯·H. 开利（Willis H. Carrier）

用途　　通过从室外吸入空气，冷却室内空气，然后通过风扇和鼓风机使室内空气循环来降低室内空气的温度。

背景　　威利斯·H. 开利在一个潮湿得让人不舒服的晚上等火车的

开利于1915年创立的公司现在是联合技术公司的附属公司，在170多个国家开展业务。

时候，对空调的顿悟出现了。灵感一闪，他揭开了温度、湿度和露点之间的关系。他很快发明了第一台空调。开利的发明首先应用于布鲁克林的一家印刷厂，那里的温度波动会使纸张变形，以致打印机无法将颜色对齐。

　　在取得这一成功之后，这位年轻的工程师有了自己的子公

威利斯·H.开利

司——为一些企业和仓库制造设备，用来冷却大型机械，或者作为防止企业产品熔化的一种方法。生产中，由于温度会发生极端的变化，所以无数的产品线不能正常生产。纺织工业首当其冲，因为某些织物在不受控制的温度下容易变质。空调在棉纺厂中特别有用，因为缺乏水分会导致纤维产生静电，这种静电使得纤维难以编织。

1915年，开利和他人一起成立了开利工程公司，该公司承诺提供可根据工业客户要求调节温度和湿度的系统。

直到1924年，开利的想法才被用来冷却空气，以满足个人的舒适性而不是工业的需要。由此，许多人在百货商店和电影院第一次感受到了空调的轰鸣，当然，这些商店和电影院安装空调是为了让顾客在夏天来光顾。

大萧条时期减缓了空调畅销的步伐，但时间不长。战后住房市场的扩张推动了郊区的生活方式，也推动了对空调的需求。今天，对于生活在发达国家的大多数人来说，没有空调来调节室内空气的舒适生活是很难想象的。

如下图所示：

工作原理

1. 风扇或推进装置（K）通过风管发送气流（M）。

2. 喷雾装置（H）安装在供气管（F）上，靠近进气管。

3. 喷射的空气穿过由挡板制成的分离器，形成一系列偏转，以去除处理过的空气中的水分和杂质。

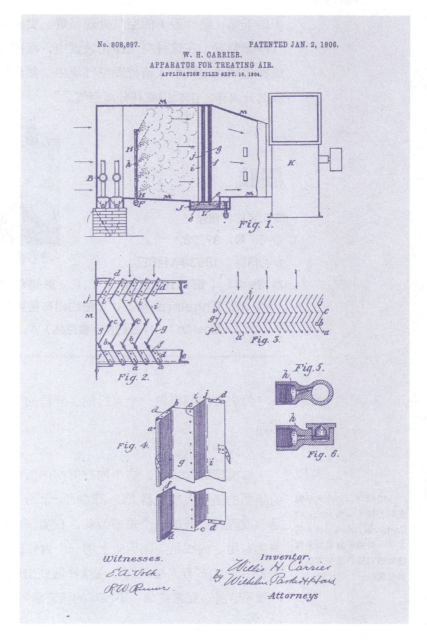

4. 板材上的法兰（b，c）保持板材上的水分，同时空气通过分离器的弯曲路径不断与板材接触。

5. 水槽（J）和过滤器（L）收集底部的水分。在外壳内部，管卷（B）提供加热或冷却机制，以控制空气温度。

发明者的话　　　"本发明涉及一种用于建筑物通风、供热或其他商业用途（如干燥、制冷等）的空气处理装置。更具体地说，是一种空气净化装置，在这种空气净化装置中，液体或溶液在细碎状态或雾化喷洒中被引入待处理空气流中，然后使其通过由挡板组成的分离器，挡板拦截并分离空气。"

假肢

专利名称： 假肢

专　利　号： 37,282

专利日期： 1863年1月6日

发　明　者：（纽约州纽约市）T.F. 恩格尔布雷希特（T. F. Engelbrecht）、（纽约州布鲁克林）R. 伯克林（R. Boeklin）、（纽约州布鲁克林）W. 斯塔伦（W. Stahlen）

大约于1920年，人们开始制作假肢

用途　　　为失去的腿提供一个可行的、舒适的、美学上可接受的替代品。

背景　　　如模型照片所示，这个内战时期的假体看起来像早期设计的华丽的星球大战机器人C-3PO的一部分，但这种改进的假肢是形成现代假肢的一个重要源头。在美国内战期间，它被证明非常有用。内战是美国历史上的一个血腥时期，其间有60多万人丧生，10多万人被截肢。在这种假肢出现之前，截肢者必须依靠不合身、经常疼痛、不雅观的"钉腿"。

1946年，加州大学伯克利分校（University of California, Berkeley）开发了一种用于膝盖以上假肢的吸力袜，这是下肢附着装置的一个里程碑。

如下图所示：

工作原理　1. 大腿（A）可以系紧，以紧密贴合在自然腿的残端上，同时可以保证健康组织通气。

2. 大腿连接到小腿（B）和脚踝关节（C）的上部，再与脚（D）相连。

3. 这里用关节销（E）代替膝关节，用弹簧（G）拉直膝关节，模仿正常肢体的运动。

4. 球（J）和球窝踝关节与弹簧一起使用，以允许脚独立运动，同时保持其相对于腿的适当位置。

在本专利中使用了许多复杂而巧妙的设计，包括考虑了生产成本和产品本身。比如，这种设计考虑到了足弓的微妙变

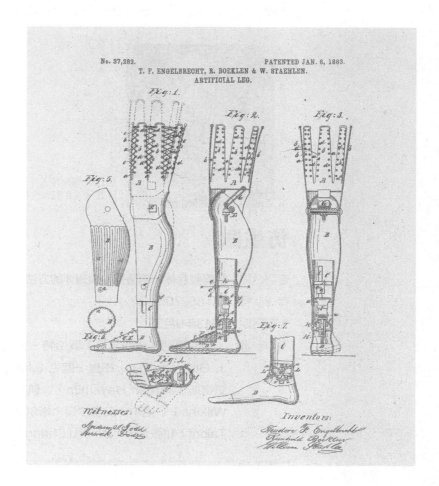

化。发明者们发明了一种可调节的人工假肢，这种假肢可以以低成本批量生产，同时为受损的假肢提供一种轻巧坚固的替代品。他们建议用金属板作成大腿和小腿的形状，通过焊接方式来连接边缘。这种思想推动了对现代假肢研究的发展。

发明者的话　　"本发明在某些规定中包含了调整假肢各部分的方法，使其适合佩戴假肢之人的自然肢体长度和脚的形态。这意味着在很大程度上消除了使假肢适合每个特定情况的针对性，并且其结果是成本大大降低。而且，在一种新型的踝关节构造中，通过这种构造，允许上述关节的运动比之前构造的人工腿更接近自然关节。这种构造也适用于手腕和其他人工手臂和手的关节。此外，它还包括用波纹板金属制成的假肢，假肢有足够的强度、重量较轻，比以前的材料制成的假肢更耐用。"

通过视网膜植入手术，迪利克·乌姆兰肯现在可以看到光线和形状

仿生眼

专利名称：视网膜假体和制造视网膜假体的方法

专 利 号：US 8527057 B2

专利日期：2013年9月3日

发 明 者：（加利福尼亚州西尔马）罗伯特·J. 格林伯格（Robert J. Greenberg）、杰里·欧克（Jerry Ok）、乔丹·内史密斯（Jordan Neysmith）、凯文·威尔金斯（Kevin Wilkins）、尼尔·汉密尔顿·塔尔博特（Neil Hamilton Talbot）和张大宇（Da-Yu Chang）

用途　　这种视网膜假体由一副眼镜上的摄像系统和植入眼睛的电子设备组成，它能让不同程度失明的人恢复部分视力。

背景　　1968年，G.S.布林德利（G.S.Brindley）和W.S.勒温（W.S.Lewin）第一次在一名52岁的盲人女性身上进行了用植入式装置恢复视力的实验。然而，他们并没有把它放在病人的眼睛里，而是放在她的大脑枕叶里。通过与大脑神经元接触的电极发送电信号，他们成功地使患者在一半的视野内看到光点。

　　21世纪，随着电子设备变得越来越小，人们的注意力转移到可以直接植入视网膜的假体上。超过一半的失明病例是由视网膜感光细胞变性引起的，这是视网膜色素变性或年龄相关性变性等疾病引起的结果。许多民营公司正在开发一种视网膜假体，有时也被称为仿生眼，它可以使视网膜退化的人恢复部分视力。

　　2013年2月，第二视力（Second Sight）公司的阿古斯二代（Argus II）视网膜假体成为美国首个获得美国食品药品监督管理局（FDA）批准进行临床试验的视网膜植入物。Argus II设备由一对普通眼镜上的摄像头、发射器和视频处理单元及一个包含60个电极的植入式膜组成。摄像头将信号发送到处理器，处理器将信号无线传输到植入设备，以触发电极接触视网膜中的存活神经元。

　　2017年2月，因色素性视网膜炎而失明25年的密尔沃基地

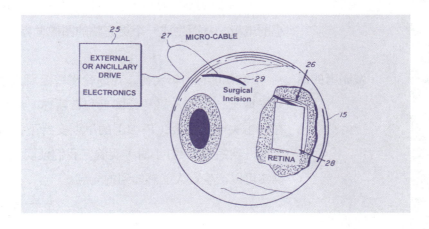

区男子菲尔·迪梅奥（Phil DiMeo）接受了Argus II假体并恢复了视力。作为数十名临床患者中的一员，他获得了识别基本物体和人物以及在家中生活的能力。视网膜植入物使迪梅奥"看到"闪光和模糊的光线。他没有在传统意义上看到，因为Argus II让他即使闭着眼睛也可以感知图像和动作。学习用设备识别物体需要时间和实践，但随着技术的改进，更多的电极可以更精确地刺激视网膜中的神经，可以实现更高的清晰度和更清晰的图像。研究人员认为，该技术将很快发展到让盲人能够使用视网膜植入物重新获得阅读的能力。

工作原理　1. 这个过程从一个安装在传统眼镜上的小相机开始。

2. 然后，原始图像数据通过发射器发送到视频处理设备，该设备可以安装在眼镜上或佩戴在脖子上。

3. 视频处理器以无线的方式向植入的视网膜假体发送命令，该视网膜假体是具有许多小电极的软电子膜。

4. 植入假体的手术大约需要4个小时，将设备放在眼睛后部视网膜附近。

5. 来自假体的电信号刺激剩余的视网膜神经元或光感受器。

6. 病人的大脑将电信号感知为光的模式，从点到模糊的图像，帮助他识别物体和运动。

7. 随着时间的推移，患者的光感受器越来越适应植入设备的信号，患者接收到更清晰的图像并逐渐学会识别它们。

8. 同样的基本技术可以被扩展到在植入的膜上包含更多更小的电极，从而生成一个更完整的图像世界。

发明者的话　"20世纪90年代初，在约翰霍普金斯大学，我、尤金·德胡安博士、马克·胡马云博士和吉斯林·达格利尼博士一起，在抗击失明基金会（FFB）的早期支持下，对人类志愿者进行了第一次短期（约1小时）实验。我们证明了对视网膜的电刺激确实可以产生盲人能感知到的光点。"

——罗伯特·J. 格林伯格

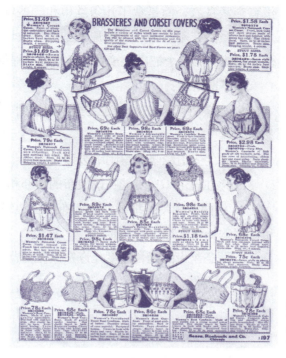

文胸

专利名称：文胸
专 利 号：1,115,674
专利日期：1914年11月3日
发 明 者：（纽约马马罗内克）玛丽·P.雅各布（Mary P. Jacob）

用途　　用最少的布料——尤其是在背部舒适地限制、塑造和支撑胸部，以方便在合身、暴露或低背的服装下使用。

背景　　1913年的一天，雅各布一劳永逸地告别了不舒服的紧身胸衣。这些内衣是用钢棒和鲸骨制成的。它们不能自然地贴合女性的身体，也不能很好地适应时尚潮流。当她准备在城里参加一场晚宴时，她凝视着自己的形象，发现身上那件崭新的衣服呈现的美丽被下面的束身衣凸出的框架严重损害了。所以，她没有穿紧身衣，而是拿了几条丝巾和一些丝带，制作了一个替代品。虽然它不是最终成为原型的双杯设计，但雅各布的机智创新很快为第一个被广泛接受的当代胸罩提供了基础。

如下图所示：

工作原理

1. 两块斜切布（10）通过垂直延伸到中间的接缝（13）连接在一起。

2. 布的上边缘修剪得比下边缘短。

3. 弹性肩带（16）缝在两块布的顶部和底部外缘上。

4. 将两条领带或细绳从每条布的上边缘缝到下边缘，并保留足够的长度（15）。

5. 两条丝带的缝合角度允许在佩戴者背后进行低位固定。

1928年，俄罗斯移民艾达·罗森塔尔（Ida Rosenthal）创立了曼妮芬（Maidenform）品牌，并将胸罩分为大小不同的罩杯。

维多利亚的秘密"红热梦幻文胸"作为世界上最昂贵的文胸被载入吉尼斯世界纪录。它包含1300多颗宝石，包括泰国红宝石和钻石。这款胸罩的售价为1500万美元，虽然它可能会让胸部更丰满，但肯定会让银行遭劫。

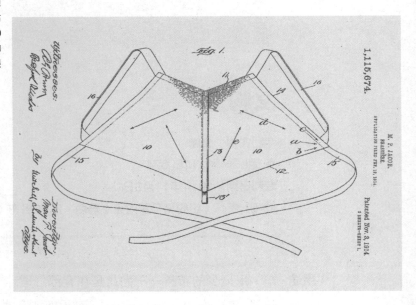

发明者的话

"这些服装，为了达到低胸衣的目的，要求贴身，以塑造腰部以上的身材，以限制胸部和隐藏胸衣顶部。迄今为止，为达到这一目的而设计的服装，要求在穿着者背部系上花边或其他扣件，或以其他方式系上。但因系得太高，以致妨碍穿着低剪裁的晚礼服。贴身的必要性也使得胸罩的制作必须特别考虑穿着者的尺寸和形体，以做到量身定做。"

纽约大都会艺术博物馆里，一名男子在使用iBot 3000

平衡轮椅

专利名称： 轮式车辆爬梯系统及方法

专 利 号： 6,311,794

专利日期： 2001年11月6日

发 明 者： （新罕布什尔州曼彻斯特）约翰·B.莫雷尔（John B. Morell）、（马萨诸塞州韦斯顿）约翰·M.科温（John M. Kerwin）、（新罕布什尔州贝德福德）迪安·L.卡门（Dean L. Kamen）、（新罕布什尔州曼彻斯特）罗伯特·R.安布罗吉（Robert R. Ambrogi）、（新罕布什尔州斯特拉福德）罗伯特·J.杜根（Robert J. Duggan）、（新罕布什尔州弗朗西斯敦）理查德·K.海因茨曼（Richard K. Heinzman）、（新罕布什尔州佩勒姆）布莱恩·R.基（Brian R. Key），由德卡产品有限合伙公司所有这款复杂的轮椅具有复杂的平衡能力和动力，因此它可以去以前的轮椅去不了的地方，如走上走下的楼梯或人行道的边缘——几乎可以去任何人可以去的地方。通过操作简单的"操纵杆"，使用者能以正常的视线去看世界。

背景

与之前所有的轮椅创新相比，平衡轮椅的价格非常昂贵，每台售价约2.4万美元。2009年，iBot因其高昂的价格而停产，而这一价格并不在保险范围之内。2016年，丰田公司和德克公司合作，宣布他们将发布一款更新且性价比高的设备。

卡门的名字与他发明的并广为宣传的赛格威踏板车（the Segway scooter）有着千丝万缕的联系。这种产品可能没有他的支持者认为的那么容易上手，但卡门也会因许多重要的和人道的发明而被人们铭记。在发明赛格威之前，卡门全神贯注于改进医疗技术，并拥有一长串以自己的名字命名的荣誉和发明。在新罕布什尔州曼彻斯特成立DEKA（德克）研发公司后，卡门和工程师们一道开发了平衡轮椅（iBot），它采用了许多后来用于赛格威的相同的技术原理。

iBot是一种极其精密的机器。它有两对中等大小的轮子、一套复杂的由计算机控制的陀螺仪，可以不断地自我平衡。它为瘫痪的人提供了一种传统轮椅难以企及的替代品，让他们几乎像一个身体健全的人一样自由活动。它由一根操纵杆控制，可以爬上路缘、上下楼梯，还可以被升起来，让坐在椅子上的人与站着的人有平视的感觉。卡门通过强生公司的子公司独立技术（Independence Technology）宣传该产品。

工作原理

iBot采用与重心位置相关的车轮和集群控制法。计算机不断监测车辆行驶的角度。车轮的前角和后角会不断更新。比如，在爬楼梯时，乘坐者可以用很少的力改变车辆重心的位置。作为一项安全功能，在爬楼梯过程中，刹车间距控制装置会监控仪表盘和车轮马达的温度。如果温度超过预设值，制动变桨控制器将关闭电机放大器，并通过调节组合制动器来控制运动。控制器将车辆放置在四个轮子都在楼梯上的配置中，从而将车辆放置在相对于重力的静态稳定配置中，并防止乘坐者继续处于爬楼梯模式。如果电机足够冷却，iBot将恢复阶梯模式，以便让乘坐者完成上升或下降，如下图所示。

1. 将乘坐者座椅（12）连接到接地接触模块（16），该模块包含电源、驱动放大器、驱动电机和控制器。

2. 这些部件驱动轮组（36）中的车轮（18）。

3. 车轮安装在集群臂（40）上，并且每个车轮能够由控制器（8）驱动。

4. 集群臂在轴（22）上旋转，该臂的旋转由控制器控制。

5. 控制器包括与存储器存储装置通信的处理器，存储器存储装置执行许多控制程序。

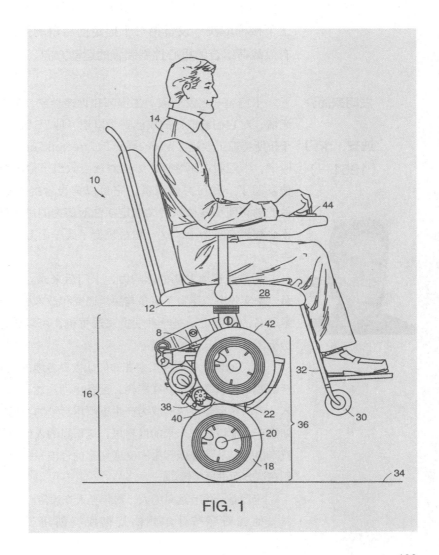

FIG. 1

6. 传感器（38）检测车辆的精确状态，并从乘坐者的控制杆（44）接收命令。

7. 这些传感器可以检测车辆（10）的俯仰、侧倾和偏航，以及车轮和组合臂的角度位置和（或）旋转速率等变量。

8. 集群和车轮的独立控制允许车辆在多种模式下运行，从而允许控制器根据所在地形在模式之间切换。

发明者的话　　"该装置具有多个可绕轴旋转的轮子，这些轮子固定在集群臂上，集群臂本身绕轴旋转，以便轮子停在连续的楼梯上。车轮和集群臂由控制器根据单独的控制律进行控制。设备是否上下楼梯取决于设备相对于指定前后角的倾斜度、移动装置和有效载荷组合的重心控制装置的运动方向。"

发明家简介

迪安·卡门

（1951—）

多产的发明家

卡门是一名发明家、工程师和物理学家，他对科学和技术充满激情，对它们能取得的成就寄予厚望。他于1951年生于长岛，就读于伍斯特理工学院（Worcester Polytechnic Institute）。还在学校的时候，卡门就在医学技术方面对社会做出了他的第一个重大贡献。他发明了一种可穿戴设备，它可以为患者提供少量精确的药物。他的创新使那些依赖持续或定期注射药物的患者能够自由活动，而不必被绑在机器上。这一想法改变了成千上万以前无法移动的人的生活。

凭借着这项发明的影响力，卡门后来成立了德克研发公司。这是一个实验室，孕育了更多与医学研究和技术相关的想法。该实验室最著名的发明之一是一种便携式透析机，可以让肾病患者在家接受透析。

卡门的创造力往往集中在如何让世界各地的人们生活得更容易。赛格威是一款两轮直立式车辆，配备电动马达，每小时可行驶19.3千米。卡门希望赛格威能成为产生更严重污染的交通工具的替代品，比如汽车。他设想在未来的世界里，城市里的人们将使用赛格威而不是汽车出行，从而降低污染和交通堵塞的程度——尽管到目前为止，他们在这方面进展缓慢。

卡门是一位有远见的人，对年轻人充满信心。

他在新罕布什尔州的曼彻斯特创建了一个名为Science

Enrichment Encounters（科学丰富邂逅）的互动学习中心，并在TED（技术、娱乐、设计环球会议）上进行了演讲。为了鼓励年轻科学家，他还于1989年成立了非营利组织FIRST（For Inspiration and Recognition of Science and Technology）（对于科学和技术激发灵感和给予认可）。FIRST举办全国机器人设计竞赛，为崭露头角的科学家和工程师提供超过100万美元的奖学金。卡门坚信，技术可以用来解决世界上许多问题，如饥荒、污染、臭氧层破坏和环境污染。他目前正致力于净化饮用水的设备，这将有助于消除水传播疾病。他希望将最终产品分发给发展中国家的贫困家庭。凭借对孩子和环境的奉献，以及对科学的浓厚兴趣，卡门一直是众多奖项和荣誉的获得者。他继续梦想着旨在改善地球生活质量的发明。他拥有440多项美国和外国发明专利，其中许多发明用于创新医疗设备，并于2005年入选美国发明家名人堂。

凯夫拉

专利名称： 取向小于约45°的全芳香族碳环聚碳酰胺纤维

专 利 号： 3,819,587

专利日期： 1974年6月25日

发 明 者： （特拉华州威尔明顿）斯蒂芬妮·科沃莱克（Stephanie Kwolek）

用途　　凯夫拉独特的内部纤维结构和极高的拉伸性能使其成为制造执法官员和军方使用的轻质弹性防弹衣的理想选择。

凯夫拉还有许多其他重要用途，包括增加悬索桥电缆强度、制造防弹飞机行李箱、制造更安全和更强大的汽车轮胎，甚至为船舶制造耐用帆。

1950年，斯蒂芬妮·科沃莱克是一位年轻的化学家，受雇于特拉华州威尔明顿的杜邦公司（DuPont）开创性的研究实验室。她在20世纪60年代进行的实验使合成纤维的强度大大超过以往任何一种纤维。事实上，她发明的材料比相同重量的钢材强五倍。杜邦公司当即发现了科沃莱克新型结晶聚合物的商业用途：凯夫拉"防弹"背心。这项发明每年挽救了数百条生命。

考虑到国际事务，以及反恐斗争中对防弹织物的需求，凯夫拉纤维最近受到了很多关注。科沃莱克很自豪地为一项帮助保护人类生命的发明做出了贡献。即使退休后，她仍然致力于通过科学来改善世界。

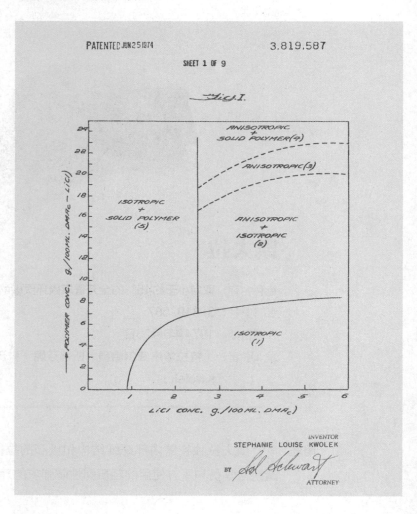

她说："如果没有对科学的理解，我看不出任何一个人怎么能生活在这个现代世界里，尤其是因为科学涉及我们生活的方方面面。"

工作原理　　1. 聚对苯二甲酰胺是通过一种称为聚合的化学过程产生的。

2. 带有聚合物的结晶液体是从喷丝头挤出的，喷丝头是一块镶嵌着小孔的金属板。

3. 穿过小孔的纤维在水中冷却，并使其变硬。

4. 纤维随后被绞在一起制成纱线，可以织成耐用的合成布。

发明者的话　　"本发明涉及一种新颖的光学各向异性涂料（吸收剂或吸附剂材料），其基本上由碳环芳香族聚酰胺在适当的液体介质中组成。这些涂料及相关的各向同性涂料用于制备有用的纤维、薄膜、纤维和涂层。特别是，纤维具有独特的内部结构和极高的拉伸性能。"

激光眼科手术

专利名称：远紫外线外科手术和牙科手术

专 利 号： 4,784,135

专利日期： 1988年11月15日

发 明 者：（纽约怀特普莱恩斯）塞缪尔·E. 布鲁姆（Samuel E. Blum）、（纽约奥西宁）兰加斯瓦米·斯里尼瓦森（Rangaswamy Srinivasan）、（纽约基斯科山）詹姆士·J. 怀恩（James J. Wynne）

用途　　用途之一是把你的眼镜摘下来。这项发明专利所描述的紫外线手术和牙科手术，利用激光在不加热的情况下对有机物质进行光蚀刻，开创了新的局面。

背景　　20世纪50年代，当戈登·古尔德（Gordon Gould）还是纽约哥伦比亚大学的一名博士生时，他首先创造了"激光"这个词，它是"受激辐射的光放大"的缩写。这个词只有一部分是原创的：他一直在发明"微波激射器"（maser）的教授手下学习。他的新术语很快让他的教授们黯然失色。古尔德认为，光波放大比微波放大有更大的潜力和功率。结果证明他是对的。

到20世纪80年代，激光技术已被广泛应用于各种领域，包括眼科手术。在这一领域，激光只用于制造治疗性疤痕组织，直到三位IBM公司的科学家获得这项专利。他们开始使用一种叫作准分子激光的短脉冲紫外激光，与以前的激光不同，这种激光不会产生大量的热，手术中没有烧伤组织，而且更精确。它基于一种全新的改善能力，而不仅仅是修复能力，施展了一系列的手术。

LASIK是"激光辅助原位角膜磨碎术"的缩写。准分子激光用于永久改变角膜形状以矫正视力缺陷。这项手术已经帮助全世界数百万人永久地放下眼镜和隐形眼镜。LASIK手术对传统矫正镜片行业的影响将带来一项有趣的研究项目。

本发明的另一个应用是在牙科医学领域，使用波长小于200纳米的远紫外辐射，可以在不破坏周围牙釉质的情况下去除牙齿上的龋坏。

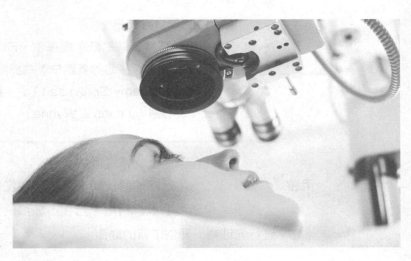

LASIK眼科手术

　　　　1. 专利插图显示波长小于200纳米的紫外线辐射源，如准分子激光器。

　　　　2. 一个外壳用来容纳激光束。

　　　　3. 外壳包括一个百叶窗，它可以阻挡或允许辐射束通过。

　　　　4. 反射镜用来改变辐射束的方向。

　　　　5. 透镜可用于将辐射束聚焦到有机材料的选定点上。光圈在照射到透镜前提供更精确的辐射对准。

　　　　6. 该仪器通过关节连接到一个可移动的手臂上，这样外科医生就可以精确地移动光束。

发明者的话　　　　"本发明涉及一种使用波长小于200纳米的远紫外辐射进行外科和牙科手术的方法和设备，尤其涉及一种选择性地去除有机物而不加热和损伤周围有机物的方法和设备。"

磁共振成像

专利名称：检测肿瘤组织的仪器和方法

专 利 号：3, 789, 832

专利日期：1974年2月5日

发 明 者：（纽约森林山）雷蒙德·V. 达马迪安（Raymond V. Damadian）

用途　　　　分析组织是否存在恶性肿瘤及恶性程度、严重肌肉拉伤，以及其他重要的医学诊断信息。

背景　　　　磁共振成像（MRI）是一种对软组织（包括肌肉组织）进行成像，以检测某些结构病理和异常的手段。这项技术依赖于氢原子的磁性，而氢原子存在于人体的大多数有机分子和水中。当氢原子浸泡在强大的磁场中并受到无线电波的轰击时，

最初的机器被称为"不屈不挠"，现在它被安置在史密森学会。

1977年7月3日，人类进行了第一次核磁共振检查。

在美国，核磁共振成像每年用于100多万次扫描。许多人一想到要进入可怕的核磁共振管就会产生幽闭恐惧症的焦虑。更合理的担忧是，当磁场打开时，有什么东西可能会飞向电子管。虽然是一种相对安全的诊断仪器，但MRI仪器强大的磁力曾经造成事故，让一个氧气罐强力飞进磁场，造成一名6岁男孩死亡的悲剧。

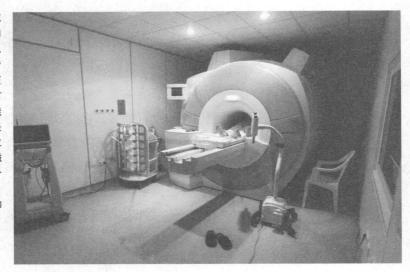

一台核磁共振机

它们就会发出无线电信号，提供有关其所处环境的信息。MRI技术为医生提供了一种全新的、意义深远的观察人体内部的手段。

2003年的诺贝尔生理学或医学奖被授予了伊利诺伊大学的保罗·C. 劳特布（Paul C.Lauterbur）和英国诺丁汉大学的彼得·曼斯菲尔德爵士（Sir Peter Mansfield）。他们被公认为磁共振成像的发明者，尽管达马迪安之前也参与其中。这两个人在达马迪安最初的想法上做出了重大的改进——包括采用了磁体梯度原理——他们认为这是他们自己的独特创新。愤愤不平的达马迪安在新闻广告中谴责诺贝尔委员会的决定是一种疏忽。但诺贝尔委员会从未撤销过一项决定，而且由于审议是保密的，达马迪安永远不会知道委员会是否认真考虑过他的贡献。

有一点是肯定的：达马迪安的工作对于今天所用技术的发展至关重要。在20世纪70年代早期，他在《科学》杂志上报道说，癌症组织发出的无线电信号与健康组织发出的无线电信号明显不同。他设想有一天，当时被称为核磁共振的MRI将能够检测到这些信号。他为这种机器绘制了蓝图，并获得了包括这项专利在内的多项专利。达马迪安说，他基本上为这一发现奠定了基础，他并不孤单。1989年，达马迪安被列入美国发明家名人堂，该名人堂称他是："磁共振成像扫描仪的发明者，该扫描仪彻底改变了诊断医学领域。"

工作原理　　MRI扫描仪有三个基本功能：磁化、应用无线电波和使用成像技术来绘制图像。首先，身体的一部分，或者整个人体，都受到强大的磁场的作用。在人体内部，数以百万计的微小原子恰好具有与机器产生的磁场一致的磁性。其次，将无线电波施加到电场中，使原子与电场偏离，同时向其施加能量。当无线电波从磁场中消失时，原子利用无线电波所传递的能量重新定位自己。这样做时，它们会发出细微的无线电信号，这些信号会被具有高度接收能力的天线接收到。畸形部位可以通过无线电信号的波动来检测。最后，计算机记录无线电信号并产生黑白图像。

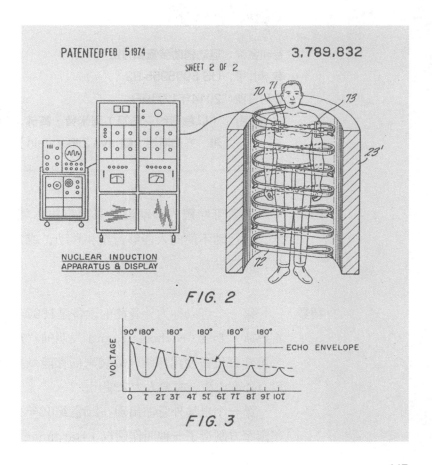

如第147页图所示：

1. 在图2（FIG2）中，电磁铁（23）以横截面显示。

2. 发射器探头固定在轨道（72）上，该轨道可以沿着壳体以螺旋形式滑动，以便接近身体各个部位。

3. 发射器探头包括光束聚焦机构（71），其聚集来自射频发生器的磁能。

4. 类似设置的接收探针（73）检测并传输磁能量。

5. 感应装置基于磁探针获得的视图记录图像。

发明者的话　　"本发明涉及一种检测组织中癌症的仪器和方法，更具体地说，涉及使用核磁共振技术检测组织中选定的核组织和结构的变化，这些变化被认为是由癌症引起的。"

机械外骨骼

专利名称：运动辅助装置和方法

专　利　号：US 8905955 B2

专 利 日 期：2014年12月9日

发 明 者：（以色列约克纳姆）阿米特·高佛（Amit Goffer）和查雅·齐伯斯坦（Chaya Zilberstein）

用途　　这款可穿戴式移动设备采用电机、气泵、液压等机械技术，让行动不便的人能够行走和移动，或为用户提供额外的力量，提高耐力。

背景　　第一个可以称为外骨骼的设备是1890年由俄罗斯发明家尼古拉斯·亚根（Nicholas Yagn）发明的"方便行走的设备"。这台可穿戴设备使用压缩气体袋来储存能量并辅助移动，尽管它没有外部电源，需要人力来使用。

第一个电动外骨骼出现在20世纪60年代，当时通用电气和美国军方制造了一种叫作硬汉（Hardiman）的移动机器套装。

设计这套笨重的套装的目的是将使用者的力量提高25倍，使穿着者能举起重达680千克的物体。给完整的外骨骼提供动力引起了剧烈的、不受控制的运动，因此该套装从来没有人穿上测试过。

军方继续投资于外骨骼研究，包括义肢辅助和设计一种可以提高士兵力量和耐力的套装。随着人形机器人技术的发展，私营公司也开始投资研究和设计项目。2014年，美国食品药品监督管理局允许销售ReWalk（机械）。这是第一个外骨骼，目的是让因脊髓损伤导致下肢瘫痪的人再次行走和移动。

其他的外骨骼套装也在研发中，比如EksoWorks公司的无动力外骨骼套装，它利用平衡力让工人长时间拿着电动工具和其他重物而不会感到疲劳。由麻省理工学院（MIT）和欧洲航天局（European Space Agency）等机构的工程师开发的动力外骨骼仍在不断完善。虽然仍然需要大量的物理治疗和帮助来教会瘫痪的人重新走路，但这些外骨骼套装也会变得更轻、更

ReWalk使瘫痪的美国海军陆战队士兵能够行走

精确。未来的外骨骼可能会更便宜、更广泛地应用于行动不便的人，为他们提供轮椅的替代品。

工作原理　　1. 动力外骨骼需要电池和计算机系统，计算机系统运行算法来解释来自套装上的传感器和控制器的数据。这两个部件通常在使用套装时放在背包中。

2. 该套装包括一个中央支撑结构，比如一个躯干，以及带有电动马达和驱动器的腿部支撑，以移动使用者的四肢。

3. 无线控制器允许穿着者输入命令，比如，当坐在椅子上时，控制套装立起来。

4. 除了用户提供的指令外，该套装还会监控关节上的一系列传感器，以确定穿戴者的位置。

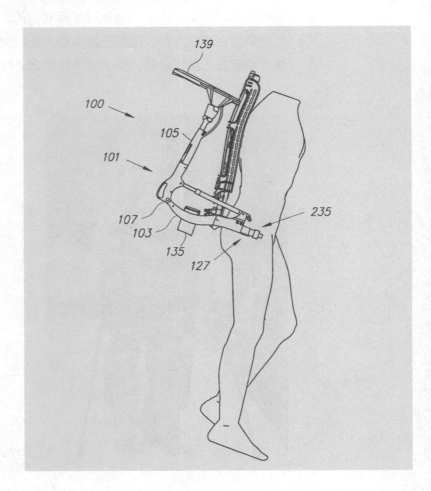

5. 计算系统中的算法根据用户身体的位置对机器的运动进行调整。

6. 穿戴者脚底的传感器可以监测对地面的压力，让外骨骼在保持平衡的同时协助行走。

发明者的话

"在创立公司之前，ReWall就让我产生了为之奋斗终生的激情。这项技术及其对脊髓损伤患者日常生活的影响超出了我的预期。对于下肢瘫痪和高级损伤的患者来说，这只是一个开始。"

——ReWalk公司联合创始人阿米特·高佛

尼古丁贴片

专利名称：尼古丁的经皮应用

专 利 号：4,597,961

专利日期：1986年7月1日

发 明 者：（新墨西哥州索科罗）弗兰克·艾特康（Frank Etscorn）

他点燃香烟，一口气吸到过滤嘴。他默默地感谢烟草公司为他的健康着想，给他装了一个过滤器来保护他。于是，他又点燃了一根。

——史蒂夫·马丁《吸烟者》

用途

该贴片旨在使戒掉烟瘾的过程容易些，通过皮肤提供稳定、可控的尼古丁释放，不含有香烟中的焦油和毒素。

背景

研究表明，尼古丁本身实际上具有药物特性，已知对治疗注意力缺陷障碍、帕金森病、阿尔茨海默病、图雷特氏综合症、溃疡性结肠炎和精神分裂症有积极作用。

20世纪70年代中期，弗兰克·艾特康在纳什维尔的乔治·皮博迪学院（George Peabody College）获得实验心理学博士学位后，搬到了美国西南部的新墨西哥矿业与技术学院（New Mexico Institute of Mining and Technology）任教。在那里，他使用了当地最受欢迎的一种配料——辣椒来说明一个理论。该理论认为，人类不仅能够将痛苦的经历转化为愉悦的经历，而且还会对人体在此过程中释放的天然化学物质产生渴罗斯是杜克大学（Duke University）的首席研究员，该大学位于北卡罗来纳州达勒姆市，附近有许多重要的烟草公司。万宝路世界的不法之徒：尼古丁透皮贴剂和尼古丁贴片都是杰德·罗斯（Jed Rose）发明的商业产品，他经常被认为是尼古丁贴片的发明者。

吸一口烟？在开发出来的最有趣的戒烟辅助工具中，有一种一次性使用的吸管，在使用者啜饮自己选择的饮料时，可以释放出微小的尼古丁颗粒。据推测，吸管和香烟在生理上的相似性与心理上的相关性有关。

望。1990年，他在《阿尔伯克基期刊》（*Albuquerque Journal*）上发表文章称："我们需要一种红辣椒或绿辣椒，辅以内啡肽。"

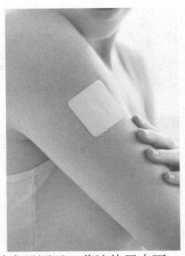

其他人则扩展了这种从痛苦到快乐的原则，以揭示成瘾的本质，并揭示我们人类或许是唯一一个有意摄入尼古丁等难以忍受的物质的物种。艾特康博士偶然吃下了这种药——不是自愿地，是偶然地！1979年，他在实验室里洒了一些液体尼古丁。他能感觉到这种物质被自己的皮肤吸收，或者说"通过皮肤被吸收"，这启发他发明了尼古丁贴片。

尽管科学已经对吸烟的危害有了很大的了解，但这种强烈的吸烟习惯仍然是全世界疾病和死亡的主要原因。1988年，美国总外科医生办公室发布了一份报告，明确指出含有尼古丁的烟草制品确实会上瘾。到20世纪90年代中期，戒烟本身就是一个行业。口香糖、薄荷糖和其他尼古丁替代品或补充剂，包括贴片，都被大力推销。许多专家和消费者认为这个补丁是最有效的。市场上有几个主要品牌，包括尼古丁（Nicoderm）、普罗斯特（Prostep）和哈比特罗（Habitrol）透皮贴剂，这是艾特康的发明之一。根据其处方要求，1996年，美国食品药品监督管理局批准了尼古丁贴片的非处方销售。

工作原理　　对尼古丁剂量的测量是通过一个固定在皮肤上的吸水胶黏垫上的小容器进行的。剂量随着时间的推移而降低，逐渐减少对尼古丁的依赖，直至依赖消失。在第153页图中，尼古丁绷带直径约1.5厘米，厚度约2.0厘米。一种由不透水的塑料或橡胶材料制成的尼古丁不透水衬垫（12），其沿一个表面包含空腔（14）以容纳液体尼古丁（16）。再次密封尼古丁的薄膜（18）是一种不和尼古丁发生反应的配套柔性材料。尼古丁渗透膜周围有胶黏

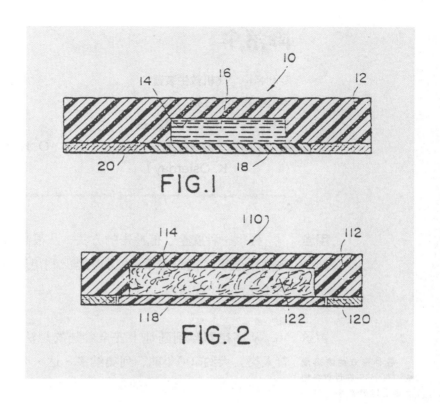

FIG.1

FIG. 2

剂（20）。

发明者的话　　　"尼古丁似乎是烟草烟雾中最具药理活性的物质，但从健康角度来看，它似乎没有焦油和一氧化碳那么重要。然而，从另一个角度来看，尼古丁是非常重要的。它是烟草中的增强物质，维持成瘾。在这方面，吸烟研究领域的工作人员经常听到的一个话题是："如果能够设计出一种尼古丁传递的替代途径，人们将不愿意吸烟。"

"人们曾多次尝试以其他方式给药中增添尼古丁，但效果各不相同，而且通常无效。例如，研制出含尼古丁的药丸，然而，血液中有效的尼古丁剂量并没有达到。胃吸收的药物首先经过肝脏，在这种情况下，80%~90%的尼古丁失去活性都发生在肝脏。类似的发现也在尼古丁口香糖上得到了证实，尽管它在保证销售上已经足够成功。"

降落伞

专利名称： 飞机救生装置
专　利　号： 1,332,143
专利日期： 1920年2月24日
发　明　者：（俄亥俄州辛辛那提市）卡尔·O. K. 奥斯特戴（Karl O. K. Osterday）

用途

　　提供一种安全、低冲击的方法，从很高的高度下降（如在飞机升空后），通过布质雨棚的阻挡，利用风的阻力来减缓下降的速度和减少冲击力。

背景

各种形式的降落伞或"跳伞"，在世界各地对肾上腺素迷来说是一种流行娱乐。2014年10月24日，谷歌电视台的艾伦·尤斯塔斯（Alan Eustace）身穿特制的太空服，从41.42千米的高空跳下，创下了跳伞最高纪录。

　　从高空飘浮到陆地上安全着陆的想法长期以来一直困扰着人类。大约500年前，列奥纳多·达·芬奇（Leonardo da Vinci）画了一个降落伞的草图，目的是用它从燃烧的建筑物中救出被困的人。从那时起，许多人制造并使用了原始版本的降落伞，包括一名法国人在热气球发生事故后，将一只狗扔进降落伞安全着陆。第一次世界大战加速了对降落伞地不断改进，这种降落伞在战斗机遇到紧急情况时可以很容易地控制和迅速使用。卡尔·奥斯特戴绝不是降落伞之父——事实上，他的发明在飞行员中并不受欢迎，他们更喜欢分开的背包而不是放在背上的背包。尽管如此，奥斯特戴在发明中采用的一些原则带来了对降落伞的后续改进，包括多种伞衣和一种允许用户在着陆时自行释放降落伞的机制。它是一个在战争时期和和平时期拯救了无数生命的装置。

如下图所示：

工作原理

1. 腰带和肩带固定在飞行员的腰部、躯干和大腿周围，构成一套安全带。

2. 背带在后面连接到一个帆布包上，一共三个降落伞伞衣，帆布包里就占了两个。

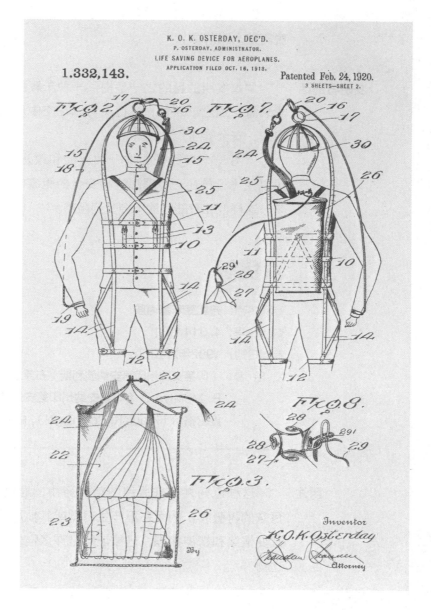

3. 第三个伞衣装在飞机上的一个小包里，用活结固定在飞行员头盔顶部的环上，并通过绳索系在飞行员的手腕上。

4. 如果飞行员失去对飞机的控制，通过拉动绳索（29）可打开容器（27），然后迅速跳出飞机。

5. 伞衣（21）（22）通过绳索（24）从容器中拉出，并立即充满空气。

6. 这些伞衣还与绳索接合，以打开另一个伞衣。

7. 当飞行员开始着陆时，他可以通过拉拉绳（18）使自己脱离整个降落伞。

发明者的话　　"本发明的目的之一是提供一种新颖的、经过改进的降落伞装置，通过该装置，飞行员可以在空中从失事的飞机中解脱出来，安全着陆。"

"另一个目标是提供一种新的和改进的装置，这种装置可以使飞行员在一个理想的和安全的距离内从降落伞中解脱出来，这样他在着陆时就不会受到阻碍。"

百优解

专利名称：**芳氧基苯基丙胺**
专　利　号：4,314,081
专利日期：1982年2月2日
发　明　者：（印第安纳州印第安纳波利斯）布莱恩·B. 莫洛伊（Bryan B. Molloy）、（印第安纳州印第安纳波利斯）克劳斯·K. 施密格尔（Klaus K. Schmiegel），由礼来公司所有

用途　　这种以药丸形式服用的精神药物，通过抑制大脑中5-羟色胺的再吸收，从而在不产生幻觉或其他严重副作用的情况下改变情绪和精神状态，已被证明是许多慢性抑郁症患者的天赐之物。

在小说家威廉·斯蒂伦(William Styron)的回忆录《看得见的黑暗》(*Darkness Visible*)中,他讲述了自己与一种几乎夺去自己生命的疾病做斗争的经历。事实上,抑郁症是一种非常严重的疾病,往往会带来致命的后果。当怀疑论者坚持贬低他们所不知道的东西时,神经科学、心理学研究,以及像斯蒂伦这样有才华、有洞察力的作家,正在努力把这种疾病从耻辱的社会阴影下转移到揭示困扰无数人的有缺陷的大脑化学物质上。对于那些从抗抑郁药物的帮助中真正受益的人来说,可能有大量的人会欣然接受感觉更好的机会(不管他们是否真的需要)。这一事实不应该是一种消极的反思,它也不应使那些需要这种帮助的人感到灰心丧气。大量的歧视仍然存在。

选择性血清素再摄取抑制剂(SSRIs)的发现是治疗抑郁症的一个革命性突破。血清素是一种由一个神经细胞分泌并被另一个神经细胞吸收的化学信使。人们认为许多人都有抑郁症的症状,因为血清素吸收得太快。百优解成为越来越多的商用抗抑郁药物SSRIs中的第一种,SSRIs被认为可以提高大脑中血清素的水平。"芳氧基苯基丙胺"包括百优解的活性成分,该化合物被称为盐酸氟西汀。

过去,抗抑郁药物主要针对多巴胺和去甲肾上腺素,这是单胺类的其他化合物。此外，血清素在情绪调节、饮食行为、攻击性和疼痛中起着重要作用。抗抑郁药的研制成功有助于证明抑郁症是由大脑中的神经递质失衡引起的。

工作原理　在大脑边缘区域，在细胞间的突触上，血清素被阻止重新吸收。然而，脑化学仍然是一个非常神秘的领域，基本上还不为人所知。关于如何平衡神经递质水平，目前尚不清楚它如何为患者取得效果。在该领域的研究和发展中，实验和研究都在谨慎地进行。医生通常会逐渐增加剂量来判断药物的成功率，并尽量减少副作用。

发明者的话　"目前市面上销售的三环类抗抑郁药抑制脑神经元对单胺类的摄取，其中大多数对抑制去甲肾上腺素的摄取比抑制血清素更有效。本发明的许多化合物表现类似，因为它们比吸收血清素更有效地阻止去甲肾上腺素的摄取。然而，对三氟甲基衍生物在抑制血清素摄取方面比在抑制去甲肾上腺素摄取方面更有效。因此，尽管本发明化合物明显具有抗抑郁化合物的潜力，但N-甲基3-（p-三氟甲基苯氧基）-3苯基丙胺及其叔胺和伯胺类似物将具有与目前市场上销售的药物不同的抗抑郁作用类型。"

盲人阅读系统

专利名称：阅读系统
专 利 号：6, 199, 042
专利日期：2001年3月6日
发 明 者：（马萨诸塞州牛顿市）雷蒙德·C. 库兹威尔（Raymond C. Kurzweil）

用途　把书面文字翻译成有声的语言。

史蒂夫·旺德（Stevie Wonder）提名库兹威尔申请美国最负盛名的发明和创新奖——50万美元的莱梅尔逊奖（Lemelson–MIT Prize），库兹威尔最终获得了该奖项。这位发明家和著名的音乐作曲家建立了友谊，这段友谊激发了库兹威尔的另一项发明：一种基于计算机的乐器系统，它可以真实地再现原声乐器的声音，如三角钢琴。

1976年发明的库兹威尔阅读机（the Kurzweil Reading Machine）是世界上第一台将文本转换成计算机语言的计算机。它扫描打印文本，并使用识别字母模式的技术"大声朗读"页面上的材料，从而为盲人和视障人士提供几乎所有打印文本的阅读途径。对盲人而言，库兹威尔阅读机被认为是自盲文发明后近150年来最重要的进步。

该系统是新技术（计算机芯片和光学识别软件）所能带来的巨大好处的一个例子。这只是这个专利权人简历上令人印象深刻的一项发明。除了第一台专为盲人设计的打印语音阅读机外，库兹威尔还帮助开发了第一种全字体光学字符识别方法、第一台CCD平板扫描仪、一种文本语音合成器，以及第一种商业化销售的大词汇量语音识别系统。

工作原理

库兹威尔于2002年入选美国发明家名人堂

1. 所述读取系统包括计算机、大容量存储设备和允许机器"读取"光学扫描的文档图像的软件。

2. 软件将图像文件转换为文本文件，并传递将文本与其图像表示形式关联的位置信息。

3. 与应用于文档显示形式的突出显示指示器同步时，计算机从一系列预先录制的语音样本中进行选择。

4. 当突出显示应用于显示器上的单词时，阅读机将播放存储的、录制的语音样本。

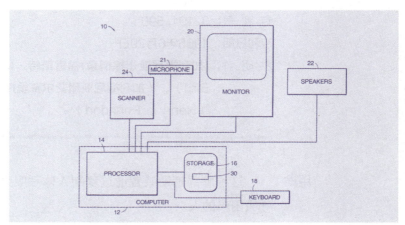

　　　"本发明的一个特点：驻留在计算机可读介质上的计算机程序产品包括使计算机在其显示器上显示文档表示形式的指令。该产品还可以使计算机使用录制的人类声音读取文档的显示形式。可选择的是，录制的人声与应用于显示的高亮显示同步。计算机程序产品使用与文本文件相关的信息来同步录制人类声音和突出显示文档表示形式。"

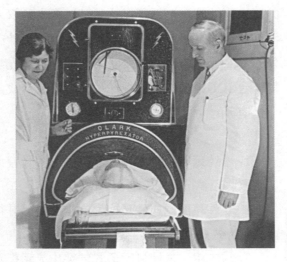

铁肺里的人

呼吸器

专利名称：呼吸器

专 利 号：3,191,596

专利日期：1965年6月29日

发 明 者：(加利福尼亚州棕榈泉)福雷斯特·M. 博德（Forrest M. Bird）、（加利福尼亚州艾尔赛里托）亨利·L. 波恩多夫（Henry L. Pohndorf）

用途　　这种肺部辅助装置通过复制人体呼吸系统的功能来帮助有呼吸困难的人。

背景　　现代呼吸器出现之前，有一个巨大的医疗设备——铁肺，它看起来有点像来自史前的全身核磁共振扫描仪。呼吸麻痹症病人躺在机器内接受治疗。[在乔纳斯·索尔克（Jonas Salk）于1952年开发出一种对抗小儿麻痹症的疫苗之前，呼吸麻痹通常是小儿麻痹症的致命症状。小儿麻痹症在今天很少见。] 患者的整个身体都受到了泵激活的波纹管的压力，这将会"吸入"空气进入腔室，激活患者胸部的低于大气压的压力，从而使患者能够呼吸。

　　在博德的创新精神席卷之后，铁肺这样的机器走上了和恐龙一样的灭绝之路。博德发明了第一个可大规模生产的医用人工通气装置：Bird Mark 7。博德拥有多项专利，其中三项与他的呼吸器的革命性有关：除Bird Mark 7，还有专利号为3,068,856的"流体控制装置"，以及专利号为3,842,828的"小儿呼吸机"。最后一种，显著降低了与呼吸有关的婴儿死亡率，被尊称为"雏鸟"，并用作其商标。

　　关于博德的名字，另一个双关语可能与他在第二次世界大战期间作为一名喷气式飞机和直升机飞行员的早期职业生涯有关。当时飞机正在上升到前所未有的高度，博德开始对在高海拔为飞行员提供氧气的技术感兴趣。随后，他将自己的职业生涯转向了医学和心肺生理学，并于1954年成立了一家公司，开发出了一些已知的最成功的呼吸器。

工作原理　　博德的呼吸器是复杂的机器。超过350个零件编号标注在18张单独的专利图纸上。然而，尽管它有许多非常复杂的功能，但它的重量只有约2.72千克，尺寸只有一个小鞋盒那么大，这使得它成为一个有吸引力的选择，可以替代巨大的铁肺。

　　1. 在其工作周期中，该装置分为两个阶段：吸气阶段和呼气阶段。

　　2. 控制器通过入口连接到加压气体源，通过出口连接到患者的气道。

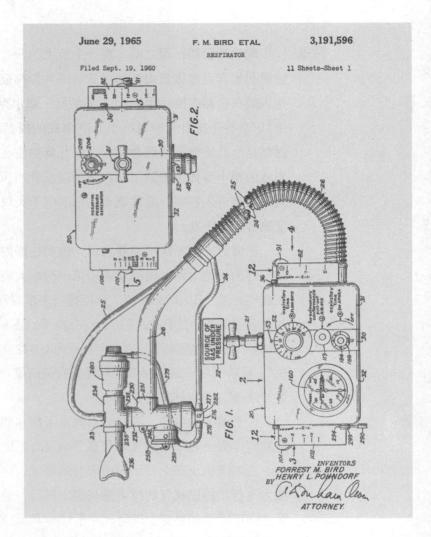

June 29, 1965   F. M. BIRD ETAL   3,191,596

RESPIRATOR

Filed Sept. 19, 1960   11 Sheets-Sheet 1

INVENTORS
FORREST M. BIRD
HENRY L. POHNDORF
BY
ATTORNEY.

3. 主阀控制从入口到出口的气体流量。

4. 它在吸气阶段保持打开，在呼气过程中通过压力传感机制在预定的时间内关闭。

发明者的话　　"机械通气机对患者施加了设计限制，一些呼吸器甚至不提供简单的调整以对抗细支气管塌陷，并阻碍或促进静脉回流。本发明的一个重要目的是供应一种始终提供与肺呼吸峰值一致性的呼吸器，以便医生不必专注于该问题，可以将注意力集中在考虑呼吸模式，以实现良好的潮气交换，乃至肺泡气的分布，促进支气管引流和其他调整。"

安全带

专利名称：安全带
专利号：312,085
专利日期：1885年2月10日
发明者：（纽约州纽约市）爱德华·J. 克拉霍恩（Edward J. Claghorn）

用途　　提供一个安全制约装置，以保持个人坐在任何可移动的座位上。它后来被改装用于诸如汽车和飞机之类的动力车辆的座椅，以抵消在撞击或摆动情况下引起的前冲力。

背景　　第一条安全带是在130多年前设计的，主要是为需要在高层建筑上爬上爬下的工人设计的。这是在汽车兴起之前，回想起来，这项发明似乎很有远见。在汽车和飞机上使用安全带拯救了无数人的生命。世界各地许多地方的法律，都要求使用安全带，但其最初的目的更为普遍。根据专利申请，该安全带"旨在供游客、水手、油漆工、农民、消防员、电报员和其他人使用"。

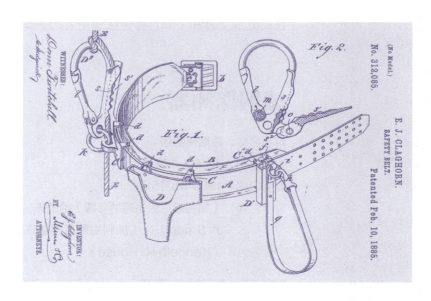

工作原理

尼尔斯·博林

瑞典安全工程师尼尔斯·博林（Nils Bohlin）发明了公认的现代安全带——三点安全带。毫不奇怪，他为沃尔沃公司工作，这家公司以安全著称。1959年，沃尔沃公司成为首家将安全带作为汽车常规配置的汽车公司。

限制运动并将乘坐者牢固地锁定在固定位置如第163页图所示。

1. 长度足够的皮革外带（A）包括一端的扣（b）通过典型的带孔穿系在人的腰部。

2. 外带连接到更宽的保护性内带（B）上，内带几乎延伸到外带的整个长度，外带被牢固地缝制或以其他方式连接，在带之间有足够的开放空间。

3. 带子（C）（C^1）（C^2）系在外带上，并在其背上安装滚轮（d），使其能够沿外带滑动。

4. 一组有用的物品——肩带（g）或开槽口袋（D）可以附在带子上。

5. 此外，可滑动的（C^2）可以为连接到弹簧卡钩（D^2）上的环（k）提供坚固的外壳。

6. 钩的另一侧有一个绳索夹爪，可帮助在不同高度保持悬吊。

发明者的话

"本发明涉及设计人的身体使用的带子，并且设置有钩子和其他附件，用于将人的身体固定到固定物体上，也用于从固定处下降或不间断下降，以及用于携带工具和其他应用，以便在高处或上升和下降过程中让使用者的手脚自由。"

感烟探测器

专利名称： 感烟探测器

专 利 号： 3, 460, 124

专利日期： 1969年8月5日

发 明 者： （加利福尼亚州阿纳海姆）伦道夫·J. 史密斯（Randolph J. Smith）、（加利福尼亚州诺沃克）肯尼斯·R. 豪斯（Kenneth R. House）

由电池供电的感烟探测器是一项重要的家庭安全设备，通常法律要求必须安装。它能在烟雾出现时发出刺耳的警报，提醒居民可能发生火灾。

背景

感烟探测器可以拯救生命。根据（美国）国家消防协会（the National Fire Protection Association）的数据，装有感烟探测器的家庭，发生火灾时的死亡人数比没有安装感烟探测器的家庭少40%~50%。

有效使用感烟探测器的小贴士：

· 在家中的每层至少安装一个。

· 切勿取下良好的电池或以其他方式禁用探测器。

· 经常检查电池，必要时更换。

· 规划一条在发生火灾时的家庭逃生路线。

· 与家人一起进行练习。

当两位来自州际工程公司（Interstate Engineering Corporation）的发明者被认可的第一台电池供电的感烟探测器问世时，住宅火灾警报系统的好处是显而易见的。它最初使用电源插座的电力，由电池提供备用电源。

现在，有两种常见的感烟探测器。其中一种被称为"离子室感烟探测器"，使用少量放射性物质来检测烟雾或热量的存在。这种类型更受欢迎，因为它更便宜，更敏感。另一种类型，在本专利中描述的功能为，使用光电传感器来检测烟雾粒子引起的光照水平变化。

如第166页图所示：

工作原理

1. 在图1（Fig1）、图2（Fig2）和图3（Fig3）中，壳体（H）包括位于圆形壁（14）内的主体（6），其中有孔（18）。

2. 平圆形部分（20）包括支撑透镜（24）向内延伸的插座（22）。

3. 透镜透射来自包含在壳体（28）内的光源（26）的光。

4. 光穿过透镜，穿过内孔（32），并进入扩散和反射室（34）。

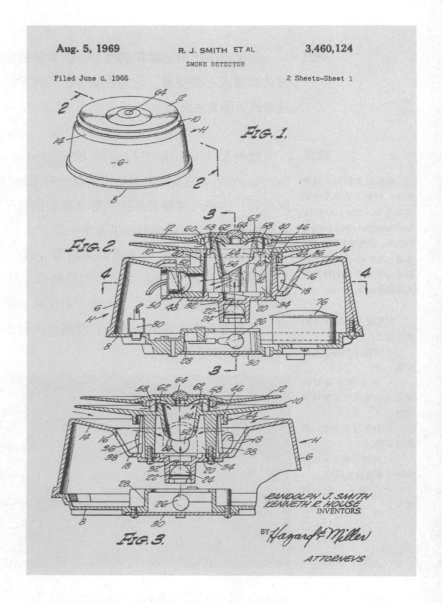

Aug. 5, 1969   R. J. SMITH ET AL   3,460,124

SMOKE DETECTOR

Filed June 6, 1966   2 Sheets—Sheet 1

FIG. 1.

FIG. 2.

FIG. 3.

RANDOLPH J. SMITH
KENNETH R. HOUSE
INVENTORS.

BY Hagard & Miller

ATTORNEYS

5. 当腔室充满烟雾时，光无法再扩散，从烟雾颗粒反射到光电管（50）上。

6. 当发生这种情况时，电池激活通过继电器连接的声音警报装置（76）。

7. 当警报未激活时，外壳外表面顶部的红宝石玻璃指示器（64）指示光源正在工作，感烟探测器已准备就绪并正常工作。

发明者的话　　"我们提供了一种感烟探测器，其结构紧凑，可以方便地安装在家庭或其他建筑结构的墙壁上，并且仅通过在外壳中放置电池并将导线插入传统墙壁插座中的变压器（66）即可使其工作。在其工作状态下，灯（26）发出的光始终显示该状态，在扩散和反射室（34）中有烟之前，光不会扩散和反射到触发光电管。这个装置非常可靠。它的工作状态由红宝石玻璃指示器（64）的照明和报警器的工作状态来表示，要么是通过家庭中传统的115V的电流，要么是报警器本身自带的电池。"

排除海龟装置

专利名称： 排除海龟装置（TED）
专　利　号： 4,739,574
专利日期： 1988年4月26日
发　明　者：（密西西比州比洛克西）诺亚·J. 桑德斯（Noah J. Saunders）

用途　　拯救捕虾过程中被捕虾网捕获的海龟。

背景　　小虾意味着大生意，但有时捕虾对环境有害。捕虾拖网

排除垃圾和海龟装置是TED的一项改进，于2009年发明，可将意外捕获大型海洋物种的概率减少40%。

使用的是一张大网，它能在广阔的海洋空间中进行扫荡。通常情况下，渔网捕获的鱼比预期的要多，包括濒危的海洋生物，如肯普的雷德利海龟。今天，美国的环境政策要求在拖网捕虾时使用排除海龟装置（TED）。据信，一位名叫辛基·布恩（Sinkey Boone）的乔治亚渔民发明了首批排除海龟装置，随后在1978年至1984年间由（美国）国家海洋渔业局（NMFS）进一步开发。由于虾的损失很小，海龟排除装置可以有效地将97%的海龟从捕虾网中排除。

海龟是真正的古代水手，是地球上最古老的物种之一，它们的祖先比恐龙早5,000万年左右。今天，肯普的雷德利是所有海龟中最濒危的。但得益于两个主要因素：保护墨西哥的筑巢雌性及其巢穴，以及美国和墨西哥对虾拖网的TED要求，它似乎处在了恢复的最初阶段。1996年，美国国际贸易法院裁定，所有向美国出口虾的国家都必须制定有关TED使用的执法政策。

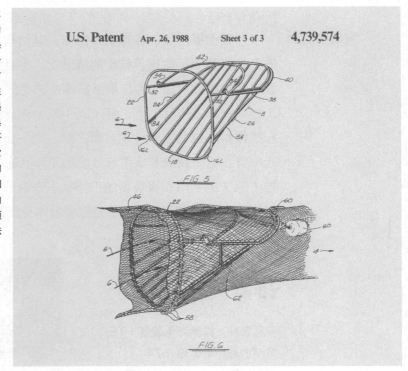

FIG. 5

FIG. 6

工作原理

    1. 当船只航行时，拖网以宽弧形延伸，把虾引到拖网的网囊或颈部，这是一个大型容器。然后将虾从海里提出来，卸到船上。

    2. 挂在拖网颈部的是一个平行杆的网格，它以逐渐向上的角度定位。这样，当虾在上面滑行时，海龟可以被移动到网罩的顶部。

    3. 海龟一旦接触排除装置，龟壳就会激活一个释放舱门，通过一个活板门将龟体从网中送出，活板门在龟体后面关闭。本发明专利权人对以前的排除海龟装置进行了改进，目的是在活板门打开时减少虾的损失。活板门是特别设计成符合龟的生理构造的，不允许有更多的不是逃跑所必需的空间。

发明者的话

    "本发明是通过在斜杆式海龟排除装置上附加一种特殊形式的活板门逃生孔，这是一种改进的海龟排除装置形式。这种活板门逃生孔的形状与海龟的壳形相适应，从而使逃生孔打开，让海龟逃生更加容易。并且，该活板门是有角度的铰链连接且可以旋转，以整体隔离物为中心，具有良好的关闭效果。在没有被逃跑的海龟激活的情况下，防止虾的损失。"

维生素

专利名称：**维生素获取工艺**
专 利 号：**2,049,988**
专利日期：**1936年8月4日**
发 明 者：（新泽西州罗塞尔）罗伯特·R.威廉姆斯（Robert R.Williams）、（新泽西州奥兰治）罗伯特·E.沃特曼（Robert E. Waterman），转让给纽约研究公司

用途　　专利中概述的工艺描述了一种从维生素来源物质中提取维生素的方法，将其用作重要的营养补充剂。

背景　　在僧伽罗语中，脚气这个词的意思是"我不能，我不能"。它也是一种由营养不良，特别是缺乏硫胺素引起的疾病的名称，这种疾病曾在东方国家很常见。在那里碾米时，大米外面的硫胺素层被剥去。这种疾病的后果是痛苦的，会造成严重的神经损伤、炎症，甚至死亡。威廉姆斯小时候可能目睹过这种疾病的患者。他出生在印度，父母都是传教士，他在那里一直待到10岁。

患脚气病的病人（脚气病是由于缺乏维生素B₁而引起的神经系统紊乱）

回到美国后，威廉姆斯就读于芝加哥大学，获得化学科学硕士学位。后来，他搬到菲律宾，在马尼拉科学局（Manila Bureau of Science）工作。他花了很多精力寻找治疗脚气病的方法。在第一次世界大战期间，威廉姆斯回到美国，在华盛顿特区的科学局工作，后来又担任纽约贝尔电话公司的化学总监。

在威廉姆斯的一生中，他没有忘记自己出生地国家人民所遭受的营养不良。最终，在1933年，他想出了一种以晶体形式

分离硫胺素的方法。他用硅藻土——一种类似黏土的高吸附性物质提取维生素。两年后，他可以合成维生素B_1，正是这种维生素缺乏导致脚气病。

他的发现，或者说合成，是一个医学奇迹，帮助促进了维生素的合成和化学合成维生素领域的发展。威廉姆斯的成就还有助于丰富美国的粮食，以对抗包括美国在内的全世界贫困人口普遍存在的核黄素缺乏。

工作原理

1. 通过吸附过滤器提取水溶性维生素。

2. 通过化学方法处理和保存所得溶液。

3. 酰基芳族氯化物、芳族磺酰氯或乙酸铅可用于纯化溶液。

4. 可通过真空蒸发将所得维生素溶液浓缩至更小体积，或进一步纯化。

发明者的话

1936年，默克公司首次将硫胺素引入商业市场。

1941年，美国通过《联邦浓缩法案》，要求面粉厂、面包师和谷物制造商通过在研磨或加工过程中添加铁、硫胺素、核黄素和烟酸来恢复全麦产品的营养成分。

"根据本发明，维生素是从硅藻土或类似的吸收剂中提取出来的，方法是用过量的水溶液提取一种物质，这种物质在硅藻土上被强烈吸收。该溶液最好在酸性条件下使用，以避免热量或碱度破坏维生素；最好在80℃至100℃的温度下使用，以促进完全萃取；最好用热溶液将漂洗器的泥土搅拌几分钟，然后通过倾析、离心或过滤将热溶液除去；最好重复多次提取，并将提取液组合以供进一步使用。"

FORE

第四章

奇妙的发明

1966年，阿斯特罗穹顶体育场铺设了人工草皮，这是第一个主要使用这种材料的体育场馆

人工草皮

专利名称： 单丝带绒产品

专 利 号： 3,332,828

专利日期： 1967年7月25日

发 明 者： （亚拉巴马州迪凯特）詹姆斯·M. 法里亚（James M. Faria）、（佛罗里达州彭萨科拉）罗伯特·T. 赖特（Robert T. Wright）

用途 　　人工草皮模拟了草地的外观和感觉，但增加了耐用性，适用于室内和室外各种娱乐和体育活动。

背景 　　沃尔特·惠特曼（Walt Whitman）写道："在我心里，一弯草叶可比天上繁星起落。"当然，他不可能预料到一种工厂制造的人工草皮被发明出来。这种草皮是在20世纪50年代的观察人士注意到城市居民不如他们的乡亲活跃和健康之后发明的。20世纪60年代初，孟山都工业公司资助了一项研究，以测试一种合成纤维在开发过程中的足部牵引力、缓冲和耐磨性等变量。这种合成纤维将成为草地运动场的一种可行替代品。在此之前，人工草皮材料只是用于装饰目的。与此同时，罗伊·霍夫海因茨法官希望建造世界上第一个室内运动场。1966年，这种当时被称为人工草（Chemgrass）的合成材料被用来绿化得克萨斯州休斯敦的阿斯特罗穹顶体育场（Astrodome）。一年后，这项发明获得了专利，Astroturf这个名字就成了室内"草"的代名词。

工作原理

最近一项对职业足球运动员的研究表明，无论是在天然草地还是人工草地上比赛，他们会受到的伤害次数是一样的，这一点自最初引进人工草地以来已经得到了改善。

2016年，四个美国橄榄球联盟（NFL），包括纽约巨人队和纽约喷气机队、明尼苏达维京队、辛辛那提队、孟加拉人队和新奥尔良圣徒队体育场内都安装了被称为US Speed S5_M的新一代人工草皮。

1. 合成纤维在威尔顿切绒织机上织造，形成从一侧延伸的切绒面编织背衬。

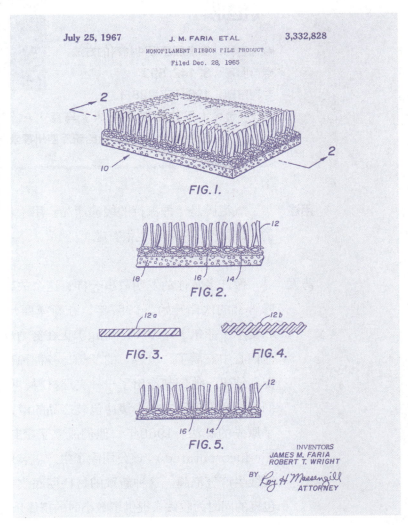

173

2. 在衬底表面采用合适的乳胶配方，使结构尺寸稳定。

3. 将聚合物弹性体应用于后面的衬底以提供稳定的衬垫。

发明者的话　　"现有技术显示，在过去的几年里，已经有人尝试制造人工草。在大多数情况下，本发明的概念主要关注于提供一种具有装饰性的人工草地，而没有试图提供一种能够承受永久性户外安装、耐尖刺物和钉鞋磨损的人工草地。目前，还没有一种人工草皮具有与天然草皮更接近的装饰性能。"

气泡膜

专利名称： 制造层压缓冲材料的方法

专　利　号： 3, 142, 599

专利日期： 1964年7月28日

发　明　者： （纽约州布鲁克林）马克·A. 查凡尼（Marc A. Chavannes），转让给新泽西州霍索恩的密封空气公司

用途　　气泡膜是一种流行的缓冲产品，用于包装和邮寄世界各地的易碎材料（挤爆它也很有趣）。

背景　　像许多其他的发明故事一样，这个故事以一对在车库里修修补补的伙伴开始。1957年，在新泽西州的霍索恩，查凡尼和艾尔·菲尔丁（Al Fielding）正在努力制作某种塑料墙纸，他们心中充满了"极客"的梦想，各种稀奇古怪的材料任其支配。结果，他们制作出了一种夹层材料，里面有很多气泡。他们很快意识到用它作为缓冲包装产品的潜力，于是他们就放弃了原先的想法。1960年，他们成立了密封空气公司（Sealed Air Incorporated）。该公司除了生产包装用的其他产品外，还继续生产气泡膜。这种新颖的材料彻底改变了运输业，在收到包裹的同时为收件人提供了数小时的挤爆乐趣。

工作原理

"密封空气公司"诞生于新泽西州的一个汽车库里,目前该公司在全球拥有30个实验室,研究和生产各种与最初发明者的墙纸设想完全无关的材料。

如下图所示:

1. 聚乙烯树脂是通过一个内有螺丝的圆筒挤压而成的。当螺丝转动时,树脂被加热和熔化。

2. 所产生的液体形成透明的塑料薄膜并置于两个叠层中。

3. 如专利图9(Fig9)所示,一层被一个鼓(10)包裹,鼓上有圆形口袋或其他形状的孔。

4. 在鼓内,真空吸力将薄膜吸进形成气泡的孔中。

5. 然后将第二层薄膜层压,密封孔内的空气。

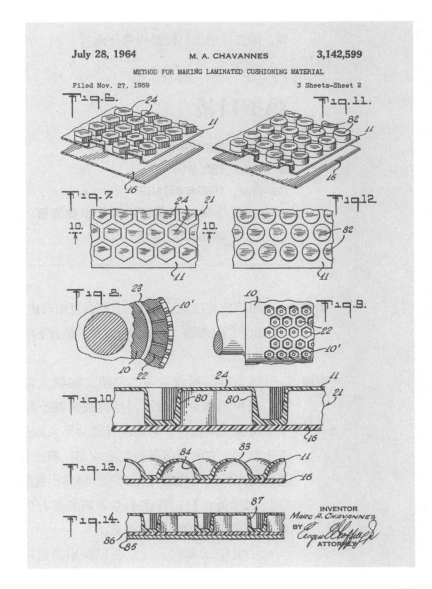

6. 专利插图6（Fig6）描绘了具有压花六角形袋（24）的层（11），其密封至底膜层（16）。

发明者的话　　“本发明的另一方面在于一种改进的方法和设备，用于制造改进的层压缓冲材料。其中，形成至少一薄层（或层）以提供多个离散单元，然后将第二层密封到所形成的层上。密封单元中夹带空气或其他流体。由于层压材料层具有柔韧性和弹性，所以层压材料提供高度缓冲以起减震作用。在这种缓冲材料的制造中，气动缓冲可以通过由成形单元的设计和构造实现，通过改进的机械缓冲来补充。”

鸡护目镜

专利名称：鸡眼保护器
专　利　号：730,918
专利日期：1903年6月16日
发　明　者：（田纳西州慕尼黑）小安德鲁·杰克逊（Andrew Jackson, Jr.）

用途　　当鸡被关在笼子里时，它们会互相攻击。戴上护目镜，有助于防止它们被啄瞎（这款护目镜并不是为了帮助家禽恢复视力）。

背景　　这个看似稀奇古怪的发明，实际上有一个非常实用的目的：保护鸡群免受伤害。当鸡被关在一起，如果其中一只受了某种流血的伤害，它的同伴就会陷入疯狂。如果一只鸡的羽毛上有血，它的邻居就会发动攻击，溅出更多的血，引发鸡的连锁反应。鸡用尖嘴作为武器，经常引起致盲、致残和自相残杀。在20世纪初，许多小型养鸡场都有自己的方法来保护家禽，保护眼睛的做法并不少见。

20世纪30年代，一家公司开始销售带有玫瑰色镜片的鸡护目镜。微红的颜色掩盖了鲜血的痕迹，因为鲜血往往会把鸡逼疯。如今，大多数大型养鸡场和家禽养殖场都将禽类分开饲养。在自由放养的养鸡场，在鸡很小的时候尖喙就被剪掉，以防止它们屠杀和残害家禽。但你不能不喜欢这款鸡护目镜，因为它给所养的鸡增添了某种专业气息——与它与生俱来的嗜血和残忍正好相反。

工作原理 这项发明类似于一副列侬微型眼镜，它由两个圆形框架组成，框架之间通过一个环连接在鸡的喙上。一根U形的带子系在环上，在环上它与圆形框架相接，在鸡的头部周围固定。

发明者的话 "本发明涉及护眼器，尤其是设计用于家禽的护眼器，以便保护它们免受可能试图啄食它们的其他家禽的伤害。本发明的另一个目的是提供一种结构，该结构可以轻松、快速地应用，并且不会干扰家禽的视线。"

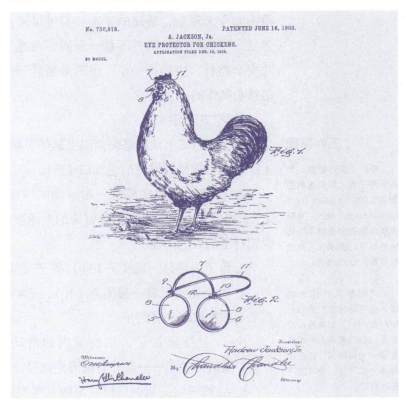

可逃出的棺材

专利名称： 改良埋葬方案

专利号： 81,437

专利日期： 1868年8月25日

发 明 者： （新泽西州纽瓦克）弗兰兹·韦斯特（Franz Vester）

生与死的界限处于阴影之中，如此模糊。谁能说得出一个生命在何处结束、另一个又在何处开始呢？我们知道，有些疾病表面上使所有生命力功能完全丧失，而实际上，这些丧失仅仅是暂时的。

——埃德加·爱伦·坡《过早埋葬》

用途　为任何发现自己不幸被活埋的人提供了一种逃生途径。

背景　活埋，听起来无疑像是爱伦·坡的恐怖作品，但这种不幸在20世纪之前可能并不罕见。例如，由于确定死亡的医疗手段不如今天复杂，昏迷的受害者有过早被送入坟墓的危险。弗兰兹·韦斯特的发明并不是一系列带有逃生舱口或信号装置的"安全棺材"中的第一个，也不是最后一个。但是，它肯定是最精心制作的。

如第179页图所示：

工作原理

死亡不值得骄傲，但代价并不低。据美国联邦贸易委员会（Federal Trade Commission）统计，目前在美国销售的棺材平均售价略高于2000美元，有些甚至高达10000美元。

"如果莫扎特还活着，他会做什么？抓划他棺材的门！"如果他被埋葬在1868年获得专利的弗兰兹·韦斯特的"改良型埋葬方案"中，情况就不是这样了。

1. 方管（C）从坟墓表面以上延伸至棺材盖（B）上的底座（D），包括连接到棺材的进气口（F）。

2. 在棺材盖的底部是一扇滑动的玻璃门（L），由弹簧条（E）固定，调查人员或病态好奇的人能够通过此门从地面上窥视棺材里的人的面孔。

3. 管子内部是一架梯子（H），管子顶部是一口钟（I）。

4. 钟形物上系着一根绳索（K），绳索随着管子进入棺材，其末端放在被埋葬者的手上。

5. 一旦拔出管子，棺材盖内的滑动玻璃门就会被弹簧（M）激活而关闭——当死者被确定已经死去并永远安息时。

6. 当玻璃门关闭时，棺材里的空气就被关闭了，管子可以

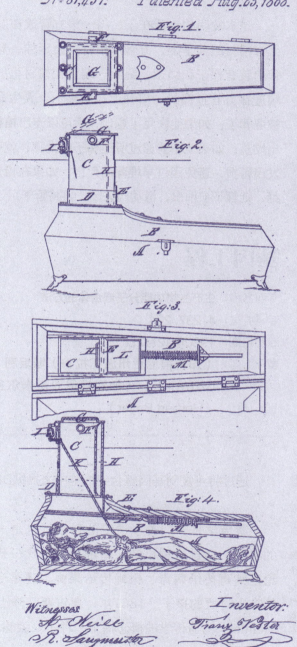

F. Vester.

Coffin.

Nº 81,437.   Patented Aug. 25, 1868.

Fig. 1.

Fig. 2.

Fig. 3.

Fig. 4.

Witnesses   Inventor:
A. Neill   Franz Vester
R. Sangmeister

重复使用。

7. 尘归尘，土归土。如果死亡是不确定的，这个棺材就是必需的。

发明者的话　　"本发明的性质在于，将一根方管放在躺在棺材里的人正上方棺材的盖子上，方管从棺材向上延伸，穿过坟墓表面，方管内装有梯子和绳索，绳索一端放在棺材里的人的手中，另一端连在方管顶部的一口钟上。如果一个人生命消失了，他也就被埋葬了；如果他恢复了意识，就可以走出棺材，从梯子向上走出坟墓；如果他不能通过所述梯子往上爬，就可以敲响钟，从而发出警报，避免因过早埋葬而死亡；如果在检查时，生命已经灭绝，则管子被抽出，滑动门关闭，再将管子用于类似目的……"

基因工程

专利名称： 生产生物功能分子嵌合体的方法

专 利 号： 4, 237, 224

专利日期： 1980年12月2日

发 明 者：（加利福尼亚州波托拉谷）斯坦利·科恩（Stanley Cohen）、（加利福尼亚州米尔谷）赫伯特·博耶（Herbert Boyer）

用途　　通过将可复制基因整合到细胞中来操纵DNA结构。

背景　　遗传学是一门关于遗传的科学，也是一门关于遗传机制的科学。通过这种机制，特征可以一代一代地传递下去，无

第一批克隆的人类胚胎是由马萨诸塞州的一个科学家团队于2001年创造的，他们希望最终生产出克隆的干细胞来治愈疾病。

论是病毒传给病毒、果蝇传给果蝇，还是令人讨厌的父母传给令人讨厌的孩子。1861年，奥古斯汀修士孟德尔（Gregor Mendel）为遗传学的概念播下了种子。孟德尔发现，豌豆的遗传性状以可预测的模式代代相传。

很久以后，人们发现孟德尔定律适用于所有物种，包括人类。然而，在很多情况下，基因的遗传比孟德尔的理论要复杂得多。复杂性状的遗传是由多种孟德尔因子或基因相互作用的结果。

20世纪40年代，细菌实验确定脱氧核糖核酸（DNA）是该基因的化学基础。恩特·詹姆斯·沃森（Enter James Watson）和弗朗西斯·克里克（Francis Crick）发现了遗传信息在DNA中的结构基础，打开了遗传学领域的大门，并由此丰富了许多科学分支。

1953年，詹姆斯·沃森和弗朗西斯·克里克将DNA中遗传信息的结构基础描述为双螺旋。这种结构类似于顺时针螺旋扭曲的梯子。沿着DNA分子排列的核苷酸的顺序（双螺旋的横条）被发现可以指定蛋白质中氨基酸的线性排列。因此，遗传密码控制着从核苷酸序列到氨基酸再到蛋白质的转换，以及病

第一只克隆绵羊多莉

1996年7月，一只芬兰多赛特羊出生。它以乡村歌手多莉·帕顿的名字命名为多莉，并且它和她的同名歌手一样出名。她是从成年母羊的乳腺细胞中克隆出来的。它成年了，并与一只山地公羊自然交配，生了一只健康的小羊羔，引发了关于克隆人伦理道德的争论。

毒和人类以外的生物体的结构。

遗传密码的作用是，DNA核苷酸的三联体各自指定单个氨基酸，限制酶也各自指定单个氨基酸。限制酶在特定位点切割DNA，并允许DNA在生物体内和生物体之间，以及物种之间进行体外重组。这些和其他发现带来了分子生物学的发展，并带来了基因工程。

到1973年初，赫伯特·博耶和斯坦利·科恩将可复制的基因添加到一个简单的细胞中，从而产生了重组DNA。他们的发现不仅具有重要的基础意义，而且越来越多地应用于遗传生物学的许多分支，包括农业、动物育种和医学。基因工程（或基因操纵）现在是一项广受争议的实验技术，是为了改变活细胞的基因组以供医疗或工业用途而开发的。事实上，本专利中描述的方法已经为一个陌生的新世界打开了大门。

工作原理　　1. 切割质粒或病毒DNA以提供具有可连接末端的线性DNA。

2. 插入具有互补末端的基因，提供具有所需表型特性的生物学功能性复制子。

3. 然后通过转化将复制子插入微生物细胞中。

4. 转化体的分离提供了用于复制和表达修饰质粒中存在的DNA分子的细胞。

发明者的话　　"来自完全不同生物类别的基因在特定微生物中复制和表达的能力允许实现种间遗传重组。因此，在特定微生物中引入特定代谢或合成功能的基因（如固氮、光合作用、抗生素生产、激素合成、蛋白质合成——如酶或抗体）或类似功能是可行的，这些功能是通过与其他种类的有机体连接而固有的、控制特定质粒或病毒复制子的基因。"

山羊牵引鞋

专利名称：山羊牵引元素鞋

专 利 号：6,226,896

专利日期：2001年5月8日

发 明 者：（俄勒冈州波特兰）迈克尔·雷·弗里顿（Michael Ray Friton），由耐克公司所有

用途　　该专利中描述的鞋子，其发明以令人印象深刻的稳健山羊为模型。

背景

沙漠大角羊是北美最娴熟的登山者之一，现在正试图从濒临灭绝的物种名单中爬出来。

"就这么做，孩子。"耐克公司因在巴基斯坦、柬埔寨和越南等国家剥削童工而受到公众批评。该公司已经承认了一些指控，且提高了工资，增加了工厂审计，并公布了改善情况的报告。

　　1962年，一位俄勒冈大学的跑步运动员菲尔·奈特（Phil Knight）进入运动鞋行业。他采用了华夫格鞋底、软垫中底、楔形鞋跟和尼龙上衣，凭借其产品的轻便性和灵活性超越了运动鞋行业的前辈。10年后，他以希腊胜利女神耐克（Nike）的名字开始销售鞋子。

　　由于人们对户外徒步旅行的兴趣日益浓厚，从20世纪80年代开始，世界各地的鞋店货架上开始摆满了各种各样的登山鞋和笨重的靴子。轻量的运动鞋和耐穿的凉鞋紧随其后，包括耐克的Mada和Terra徒步鞋，以及耐克的Terra和Deschutz运动鞋。

工作原理　　1. 该鞋底部与地面接触层包括柔软、顺从的牵引元件和一个或多个相对坚硬的凸耳。

2. 凸耳在压缩时比牵引元件更硬并且在它们附近延伸。

3. 牵引元件向下延伸至凸耳下方，以便在使用中牵引元件的底面进行初始接地接触并部分压缩。

4. 压缩可以缓冲与地面接合时的冲击，并增加地面接触。凸耳的底面与地面接触。

5. 凸耳限制了牵引元件的压缩，并对不规则和松软的地面起到了相对刚性的作用。

6. 鞋帮附有缓冲垫。

7. 鞋底有一个与地面接触的表面，包括外部边界和内部区域。

8. 内部区域包括一组相对柔软的牵引元件。

9. 边界区域包括一对相对较硬的凸耳，靠近牵引元件组。

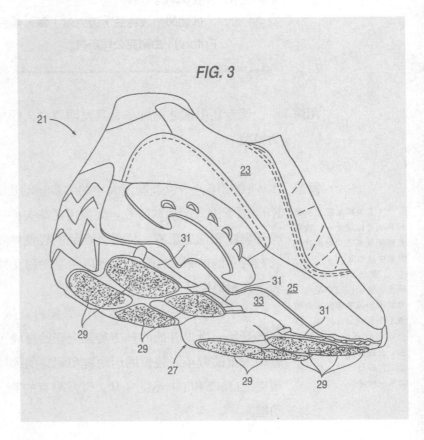

FIG. 3

　　"人们已经认识到，山羊蹄能有效地为这种动物在各种极端的地面条件下提供稳固的立足点。正如《野兽，冬天的颜色——观察山羊》（1983）一书中塞拉俱乐部酒吧的道格拉斯·H.查德威克（Douglas H. Chadwick）描述的那样：'山羊脚趾的两侧由同马蹄或鹿蹄那样坚硬的角蛋白组成。其两片环绕的趾甲都可以用来抓住裂缝或岩石上的一个小疙瘩……山羊蹄上有稍微突出趾甲的特殊牵引垫。该垫具有粗糙的纹理表面，在光滑的岩石和冰上提供相当大的额外摩擦。然而，它足够柔韧，可以在任何不平整的石头基底留下深印，从而增加了防滑效果。'"

熔岩灯

专利名称： 显示设备
专 利 号： 3, 570, 156
专利日期： 1971年3月16日
发 明 者： （英国汉普郡）爱德华·C. 沃克（Edward C. Walker）

　　熔岩灯是一种装饰灯，由透明玻璃容器和视觉上令人愉悦的熔岩状蜡质组成。这些蜡质不断地向表面冒气泡，然后在灯亮时回流。

沃克在尝试重新设计他在酒吧里看到的蜡基煮蛋计时器时，创造了熔岩灯。

　　沃克曾经把他的发明描述成一种性感的东西，"从一无所有开始，可能变得有点女性化，然后又有点男性化，然后分手，生了孩子"。作为一名第二次世界大战时的老兵，沃克采用了花童们的行话和生活方式。有点像托马斯·爱迪生，又有点像奥斯汀·鲍尔斯，他是英国迷幻时期的一名裸体主义者——并且拥有相当精明的营销技巧。"如果你买了我的灯，你就不需要买毒品了。"他说。

20世纪60年代中期，沃克突然想到用一个藏在底座里的灯来展示一个漂亮的玻璃容器，这个容器里有一种类似熔岩的油和蜡的物质在有色液体中游动。当灯泡加热球体内的物质时，类熔岩物质会改变样式和形状。起初，店主们抵制那盏奇怪的灯。但熔岩灯很快照亮了整个伦敦的夜总会和公寓。

　　最终，一对富有进取心的美国人购买了在美国制造熔岩灯的专利。他们的公司采用了LavaLite®商标，此后，熔岩灯一直在销售。

工作原理　　1. 染色的水和另一种矿物油、固体石蜡、石蜡和四氯化碳的液体被密封在一个玻璃容器中。

　　2. 容器放置在一个空心底座中，底座上装有一个电灯泡。

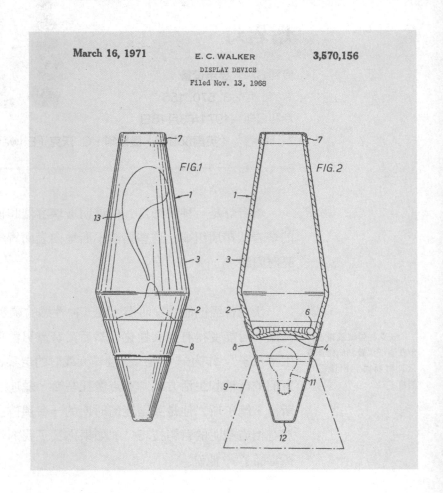

3. 当灯熄灭并变冷时，第二种液体在玻璃底部凝结成硬块。

4. 当灯打开时，该物质膨胀，密度降低，并上升。

5. 当它上升时，因远离热源而重新凝固和下沉。

6. 这种加热和冷却的过程不断地改变着在被灯照射的染色液体中游动的物质的形状。

发明者的话　　沃克在2000年去世前对美联社说："我认为它将永远受欢迎。这就像生命的循环，它生长、分解、落下，然后重新开始。"

磁悬浮

专利名称： 地面车辆的电磁感应悬浮和稳定系统

专 利 号： US 3, 470, 828

专利日期： 1969年10月7日

发 明 者： （纽约厄普顿）小詹姆斯·R. 鲍威尔（James R. Powell，Jr.）、戈登·T. 丹比（Gordon T. Danby）

用途　　这种运输技术利用磁场来悬浮和推动车辆，通常是火车。

背景　　有关磁悬浮（maglev）的许多开创性工作都是由埃里克·莱斯韦特（Eric Laithwaite）完成的，他建造了第一台可工作的全尺寸直线感应电动机。莱斯韦特意识到，直线电机不需要车辆和轨道之间的物理接触，可以用来开发一个基于磁场的运输系统。他继续用单直线电机做实验，这种电机可以利用磁铁的排列来产生升力和前进推力。

　　许多组织注意到了这项技术，布鲁克海文国家实验室（Brookhaven National Laboratory）的鲍威尔和丹比在1969年获得了磁悬浮列车的第一项专利。该专利概述了"利用超导磁体的高速列车……该系统产生悬浮力，使列车悬浮在地面之上。""用电磁铁将车辆吊离轨道，摩擦力几乎可以消除，少量的能量就足以使车辆提升到高速。"有关磁悬浮列车的原始专利建议，使用"螺旋桨、喷气机或火箭"来推动列车。然而，直到莱斯韦特将直线感应电动机方面的工作与鲍威尔和丹比的汽车设计结合起来，第一批实用的磁悬浮列车才诞生。

　　第一辆磁悬浮乘用车，简称磁悬浮，是1984年在英国开通的低速摆渡车。它连接伯明翰国际机场和附近的火车站。这条铁轨只有609.6米长，但是列车车厢通过电磁铁成功地悬浮了15毫米。直线发动机被用来推动车辆达到每小时41.84千米。

　　尽管英国的第一架磁悬浮列车因可靠性问题于1995年停运，但其他国家在20世纪八九十年代都建造了磁悬浮列车。例如，在德国，一些实验性的磁悬浮列车被建造和测试，从而产生了高速磁悬浮列车。中国上海磁悬浮列车是目前运行速度最快的客运列车，最高运行速度约为每小时434.5千米。日本和韩国还建造了用于商业运输的高速磁悬浮列车，有时也被称为"子弹头列车"。2015年4月，日本L0系列磁悬浮列车在新干线高速铁路上试运行时，时速达到603.5千米，创造了列车运行速度的世界纪录。

　　未来，超环一号（Hyperloop One）和超环运输技术

（Hyperloop Transportation Technologies）等多家公司希望建立一套商业运输系统，利用磁悬浮技术加速真空密封管内的客舱。在真空室中，几乎没有空气阻力，客舱理论上可以加速到1,207千米/小时以上。2013年，埃隆·马斯克（Elon Musk）首次构想并描述了一个超回路列车系统。

工作原理　　　1. 磁悬浮列车使用超导磁铁，这是一种已经冷却到232.2℃以下的电磁铁，以将磁场的功率增加大约10倍。

2. 超导磁铁既安装在火车车厢里，也安装在轨道上。

3. 供给磁铁的电流产生所需的电磁场来悬浮和推动列车。

4. 火车通常悬浮在混凝土导轨上。

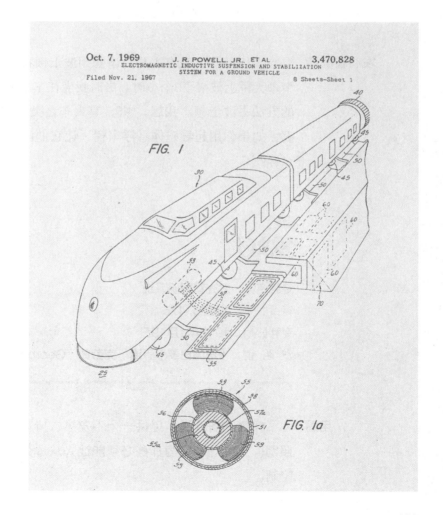

5. 设置在混凝土中的金属环，由铝等导电材料制成，与列车形成的磁场相互作用并产生额外的磁场。

6. 产生3个初级磁场，使列车悬浮在混凝土导轨上方约12.7厘米处，再使列车水平居中，并推动列车前进。

7. 用于推进的磁场通过交流电，既从后面推动火车车厢，又从前面拉动火车车厢。

8. 即使车速超过402.3千米/小时，行驶也非常平稳，因为空气是唯一的摩擦源。

9. 整个系统按照计算机算法运行，没有人"驾驶"火车。

10. 磁悬浮列车的设计使得列车偏离最佳位置越远，将其推回的磁力就越强，就像你将两块磁铁的相同磁极紧紧地握在一起一样。与传统列车相比，这大大降低了这些列车脱轨的可能性。

发明者的话　　"1959年，我在去马萨诸塞州波士顿看女朋友的路上，在窄颈大桥上被堵了5个小时。当时我坐在车里就想，一定有更好的方法去波士顿。我想，'嗯，有火车之类的。'然后我想，'天哪，如果你用超导磁体悬浮车辆，让它们沿着轨道行驶，会怎么样？'"

——詹姆斯·R. 鲍威尔

霓虹灯

专利名称：发光管照明系统
专 利 号：1, 125, 476
专利日期：1915年1月19日
发 明 者：（法国巴黎）乔治·克劳德（Georges Claude）

用途　　氖气充满管子，提供一个不发热、持久、奇特的非白炽灯照明。这种灯专门为那些必须能让人从远处看得见的标志量身定制。

1934年，纽约时代广场

背景

1912年，世界上第一个霓虹灯标志照亮了巴黎理发店上方的"理发师"字样。同年，意大利沁扎诺牌（Cinzano）苦艾酒成为霓虹灯广告宣传的第一款产品。

"万岁，拉斯维加斯。"拉斯维加斯是终极霓虹之城，吸引着来自世界各地的游客和他们的美元，前来看看这个被称为世界上第一个真正的后现代城市。

氖是一种稀有气体，在空气中含量很低。在18世纪晚期，科学家们用玻璃管来观察涉及高压电荷的实验结果。在19世纪90年代发现了前五种稀有气体——氦、氖、氩、氪和氙，之后，乔治·克劳德观察到，通过其中一些气体的放电可以在没有白炽的情况下发光。氖是产生最明亮光线的气体。

1910年，克劳德在巴黎推出了首款霓虹灯显示屏。1923年，这位法国科学家出身的企业家把两个霓虹灯卖给了洛杉矶的一家汽车经销商，不到一年的时间，他就在全美拥有了一家名为"克劳德霓虹灯"（Claude neon）的连锁店。随着霓虹灯照明工业的日益成熟，霓虹灯招牌成为城市景观的常规特征，装饰着电影院、汽车经销店、保龄球馆、餐馆和酒吧。

这项专利是在克劳德获得法国第一项霓虹灯专利5年后授予他的，代表了他做出的工艺改进。他在这项专利中包括了获得更明亮的霓虹灯的方法，以及防止电极上气体沉积物改变管子颜色的方法。

如第192页图所示：

工作原理

1. 真空泵（c）从弯曲成所需形状的玻璃管中去除空气。
2. 另一管（d）插入氖气体。

3. 将碳容器（b）浸入液态空气（e）中，以便于去除多余的异物，并使管具有最大的亮度。

4. 然后将灯与碳容器分离。

5. 管（a）在每侧都包含电极（g），以接收电流并照亮管内的气体。

6. 当霓虹灯插入电源并打开时，气体会变亮。

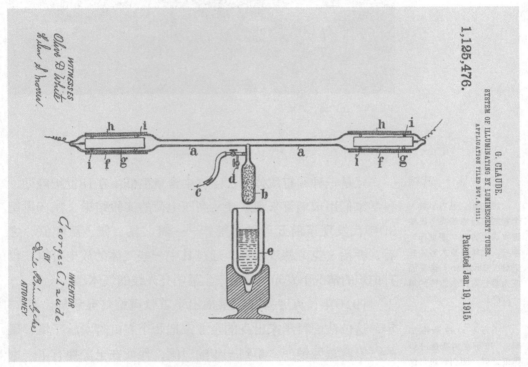

发明者的话　　"我声称并希望通过美国专利证书确保……（a）发光管含有预先纯化的氖，并配有用于照射所述气体的内部电极。所述电极不含封闭气体，面积超过每安培1.5平方分米，以减少电极的蒸发，并防止在靠近所述电极的管壁上形成含有所述气体的沉积物，从而使管的发光度在相当长的一段时间内保持恒定，无需重新引入气体。"

在电视灵媒出现之前，就有了占卜板

占卜板

专利名称： 玩具或游戏

专 利 号： 446,054

专利日期： 1891年11月10日

发 明 者： （马里兰州巴尔的摩）伊利亚·J. 邦德（Elijah J. Bond），转让给（马里兰州巴尔的摩）查尔斯·W. 肯纳德（Charles W. Kennard）和威廉·H. A. 莫平（William H. A. Maupin）

用途 占卜板是一种用于给死者安排降神会与沟通的新奇事物。

背景

死后真的有生命吗？是的，至少对占卜板来说是这样。今天，帕克兄弟公司（the Parker Brothers Company）出售的是100多年前出售的灵魂召唤板的复制品。他们持有占卜板所有的专利和商标，并出售大量的专利和商标。有多少？你得去问那个巫师。

根据对话板博物馆（the Museum of Talking Boards）的资料，埃德加·爱伦·坡去世前的1848年是现代唯心主义兴起的关键一年。那一年，在纽约的一间小木屋里，两姐妹声称接触到了一个死人的灵魂，并在美国和欧洲掀起了一股对神秘教的狂热。灵媒、水晶球凝视者、看手相的人，还有一群形形色色的人，像僵尸一样从坟墓里站了起来。与"对方"交谈的一种常用方法是翻桌子。一位专家将主持一场降神会，参加者将手指放在桌边；在接触时，桌子可能会向一个方向倾斜，就像

193

"超越无限。"在许多网站上，你可以通过一个在线的占卜板在网络空间与灵魂对话。

一个固定的拨号装置指向字母和拼写信息一样。该舞台是为引入占卜板而设的。

伊利亚·邦德认识一群精明的人——他们住在埋葬坡的那个城市，无疑知道公众对神秘教的兴趣。当然，他们的结论是，超自然现象的市场不仅仅是书籍和狂欢节蛊毒（hoodoo）巫术。肯纳德新奇公司（Kennard Novelty Company）成立于这项专利发布的前一年，并成为第一家商业化生产占卜板的公司。其确切的文化渊源仍是一个有争议的话题，但其承诺占卜板能提供一种与阴间沟通的方式。这对许多人来说非常有吸引力，尽管专利本身清楚地将该物品描述为"玩具或游戏"。

经过公司内的权力斗争，占卜板产品的所有权几经易手，随后发生了法律纠纷。在试图宣称他们的产品是一种精神工具，因此不应该对其销售征税时，所有者显然在与美国国税局（Internal Revenue Service）的斗争中输了。在20世纪60年代末，唯心主义的新时代引发了人们对谈话板的新兴趣，甚至是恐惧。也就是在那个时候，占卜板的所有权被帕克兄弟公司（Parker Brothers）收购。帕克兄弟公司后来被位于马萨诸塞州塞勒姆的孩之宝（Hasbro）公司收购。在那里，一些被烧焦的女巫身上可能还有很多东西没有脱身。

工作原理　　一块大约"38.1厘米×55.88厘米"的平面板子上，字母排成两行，字母下面是"&"符号，再下面是数字1、2、3、4、5、6、7、8、9和0。板子上还印着"是""不是"和"再见"等字样，并附有图形。一种坚固的桌子状结构（D）的特点是具有细长的部分（E）。玩家的手轻轻地放在桌子上。当问题被提出来时，桌子细长部分下方的腿将指向可能被解释为答案的字母。

发明者的话　　"我的发明涉及对玩具或游戏的改进，我将其命名为'Ouija或埃及幸运板'，发明的目的是制作一种玩具或游戏，由两个或两个以上的人可以自娱一下：任何形式的提问，并通过手的触摸进行回答，所以答案是板上指定的字母。"

(No Model.)

E. J. BOND.
TOY OR GAME.

No. 446,054.   Patented Feb. 10, 1891.

Fig. 1.

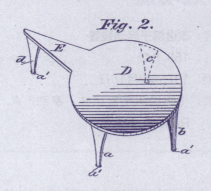

Fig. 2.

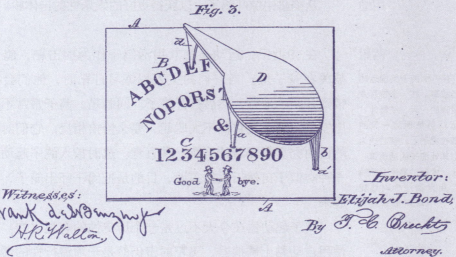

Fig. 3.

Witnesses:
Frank de W Benzynyer
H. R. Wallton,

Inventor:
Elijah J. Bond,
By T. C. Brecht,
Attorney.

195

鸽子起动器

专利名称: 改进鸽子起动装置
专 利 号: 159,846
专利日期: 1875年2月16日
发 明 者: （纽约州布鲁克林）亨利·A. 罗森塔尔（Henry A. Rosenthal）

用途　　从陷阱中惊吓鸽子，以获得更好的娱乐性射击体验。

背景

有一个关于英国运动员的故事。在一个特别令人沮丧的一天，在野外，该运动员把他的一只鸽子绑在凳子上，使它成为吸引其他鸽子的活诱饵。由此，术语"凳子上的鸽子"用来指一个内线犯人，一个可以带来麻烦的人。

在19世纪，运动员喜欢用活鸽子作为射击靶，鸽子经常被关在笼子里。当它们的主人想练习打靶时，他们会把笼子带到开阔的地方，然后打开笼子。问题是，鸽子常常不愿意飞出笼子。要么是它们不太聪明，要么恰恰相反。它们对这种新的自由究竟意味着什么有一种直觉。这时放入鸽子起动器——一种类似于自然天敌的东西，目的是把鸽子吓出笼子，让它飞起来。

鸽子起动器在今天不过是一个历史性的有趣之物。今天，使用自动黏土诱捕器、飞靶射击仍然是一项流行性的活动，不会给鸟类带来任何伤害。

如下图所示：

1. 猫或其他动物的模型（A）包括四条在上端转动的刚性腿。

2. 动物的脚被牢牢固定在地面上的一块踢脚板（B）上，该踢脚板由木桩固定。

3. 在前腿和后腿之间，一个螺旋弹簧（C）固定在底板上，并连接到杠杆（D）的下端。

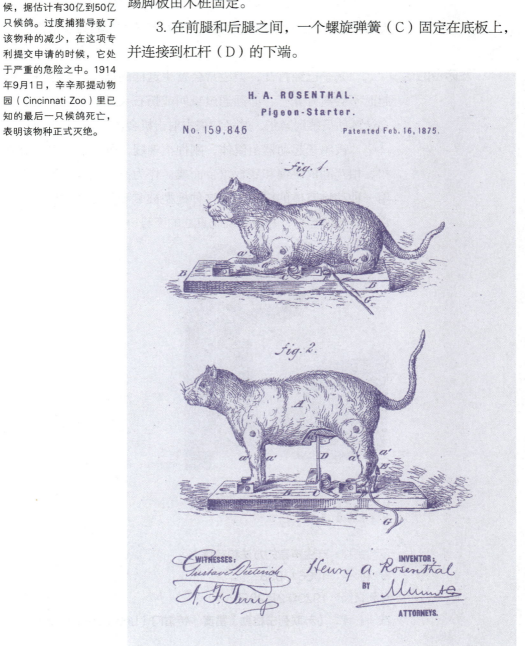

197

4. 杠杆的上端固定在动物身体的下面。

5. 一个钩子（E）连接在底座上，并由一个弹簧（F）向前支撑，弹簧（F）也连接在底板上，以便在动物被压下时保持杠杆作用。

6. 弹簧钩（E）（F）的末端连接有一根绳索（G），当拉动绳索时，绳索会激活机械装置，并将动物突然弹起到直立位置。

发明者的话　　"笼子已经打开，但经常会发生这样的情形：鸽子在被弹起时不会离开笼子，必须通过喊叫或扔石头来惊动它。这往往会让运动员感到紧张，并经常失去射击机会。"

"该鸽子起动器由鸽体、刚性枢轴腿、弹簧、杠杆、弹簧扣、相互间的跳绳和底板组合而成。作为鸽子的起动器，在使用一种动物身体的模型时，这种模型被赋予了合适的机制，使它能够蜷缩起来，并能弹跳成直立的姿势……"

1927年，雷奥·特雷门和他的发明

特雷门琴

专利名称：**产生声音的方法和装置**
专 利 号：**1，661，058**
专利日期：**1929年2月28日**
发 明 者：**（苏联列宁格勒）雷奥·特雷门（Leon Theremin）**

用途　　　这种电子音乐制作设备在其活动部件（两个射频振荡器）附近通过移动双手来"演奏"时，会发出令人难以忘怀的音调。

背景

1993年，纪录片《特雷门：电子奥德赛》（*Theremin: A Electronic Odyssey*）深入剖析了这位发明家奇特而迷人的一生。影片中，罗伯特·穆格（Robert Moog）继续创作了穆格合成器和其他电子声音方面的创新。他描述了自己早期对特雷门琴的兴趣，其中很多作品都是他小时候创作的。

1896年，雷奥·特雷门出生于俄罗斯列夫特曼。一天，他正在为一台收音机组装零件，突然听到一些不属于广播电台的声音。他很快意识到，他可以通过在设备附近挥舞双手来操纵和控制声音的频率。根据对声波中断的初步观察，他于1919年发明了世界上第一种电子乐器，并恰如其分地将其命名为"特雷门"。这项发明首次公开展示是在1920年的莫斯科工业博览会上。列宁亲自委托建造了600件乐器，并在苏联各地巡回演出。

特雷门移民到美国，很快就成功地展示了他在音乐上的独创性。他演奏特雷门琴时，各地的观众都很惊讶。这是一种乐器，在没有身体接触的情况下演奏，通过手的运动来控制周围空气中的能量流，一只手控制音量，一只手控制音调。结果产生一种奇异的小提琴般的声音，有着令人难以忘怀的美丽和神奇的品质。这项发明是科学和艺术的奇迹，也是最早的电子音

雷奥·特雷门在美国的第一个学生亚历山德拉·斯蒂芬诺夫

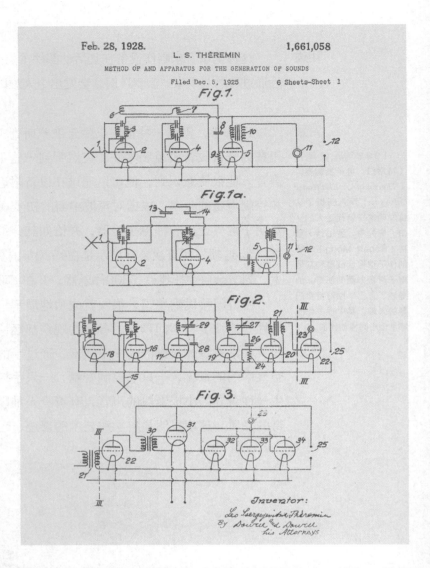

Feb. 28, 1928.　　L. S. THÉREMIN　　1,661,058

METHOD OF AND APPARATUS FOR THE GENERATION OF SOUNDS

Filed Dec. 5, 1925　　6 Sheets-Sheet 1

Fig.1.

Fig.1a.

Fig.2.

Fig.3.

Inventor:
Leo Sergejewitsch Théremin
By Sowbee and Sowbee
his Attorneys

　　除了"海滩男孩"在 *Good Vibrations*（《美好感受》）中使用特雷门琴，20世纪70年代极受欢迎的齐柏林飞艇（Led Zeppelin）乐队也不时使用特雷门琴。最近，乔恩·斯宾塞（Jon Spencer）蓝调大爆炸乐队在1994年的专辑《橘色》中使用了这种乐器，甚至把使用这种乐器演奏的情境作为专辑封面。

乐范例。如今，很多人都能听出特雷门琴的声音，就像20世纪50年代科幻电影配乐中使用的高音颤抖音符，以及摇滚乐队"海滩男孩"（Beach Boys）的歌曲 *Good Vibrations*（《美好感受》）中使用的那种声音。但特雷门琴的声音并不比创造它的人的历史更离奇。

　　这位发明家定居纽约市，与许多朋友和崇拜者一起生活。他继续发展出一种乐器的变体，可以通过人体的运动来演奏，这样舞蹈动作就可以转化为音乐。甚至还有一群被称为"特雷门舞蹈家"的人。1938年，他突然莫名其妙地消失了，半个世纪后又重新出现。

特雷门在纽约的公寓里被绑架，并被带到苏联。在那里，他被迫从事各种各样的政府秘密项目，包括为克格勃开发"窃听器"。最终，在晚年，他与一些来自美国的朋友团聚，并享受着他对电子音乐贡献的认可。他于1993年在莫斯科去世，享年97岁。

工作原理　　特雷门琴绝不是一种容易演奏的乐器，音乐家根本没有具体的参考点来阅读。声音是通过射频振荡器产生的。一个振荡器被设置成一个固定的频率，另一个则设置成变频的。一只手在控制音量的金属环上移动，另一只手通过调整其与天线的距离来控制音高。

发明者的话　　"一种体现本发明的仪器包括一个扩音器，如电话接收器或扬声器，该扩音器连接到一个振荡系统，该振荡系统适于被一个或多个物体（如操作员的手或手指）控制或影响，而操作员的手或手指则保持在该系统的一个元件附近的相对位置。"

"高耸的地狱" ——灭火毯

专利名称： 高层建筑灭火装置或均匀横截面灭火装置
专 利 号： 大不列颠1,453,920
专利日期： 1976年10月27日
发 明 者：（英国苏塞克斯郡塞尔西）亚瑟·保罗·佩德里克（Arthur Paul Pedrick）

用途　　消防方面的这一创新，旨在为高层建筑灭火提供可替代的一种方法，尽量在悲惨的"高耸的地狱"里减少伤亡。

背景   20世纪70年代初，灾难片大受欢迎，1974年上映的《火烧摩天楼》（*The Towering Inferno*）是这一类型的电影之王，主演包括史蒂夫·麦奎因（Steve McQueen）和保罗·纽曼（Paul Newman）等名人。这一趋势可能激发了发明家亚瑟·保罗·佩德里克的想象力火花，他着手设计了一项避灾计划。在这份英国专利申请中，亚瑟·佩德里克将自己列为"一人智库"的研究对象，他描述了自己众多有趣的发明之一：一种巨大的防火毯，可以从一座高楼的顶部向下滚动，以扑灭大火。

工作原理   1. 主轴固定在建筑物的屋顶上。

2. 它们周围是防火材料的纺纱卷，其末端有重物。

佩德里克的一些专利申请项目：

· 作为核威慑力量的地球轨道导弹

· 通过静电力减少高尔夫球切球或勾球的趋势

· 从后座驾驶的汽车

· 由真空球或其他形式的撤离船只支撑的航空母舰

· 光速调整的时钟

· 用于色彩选择性猫襟翼控制的光子推挽辐射检测器

· 10亿吨地球轨道维持和平导弹

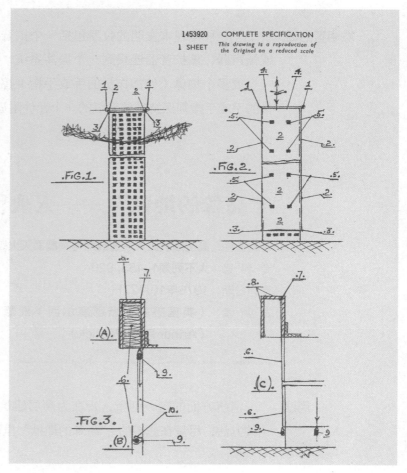

3. 在发生火灾的情况下，可以手动释放窗帘或通过热响应开关释放幕布。

4. 沿着建筑物固定的导轨可以用来调整重量和稳定地拉下幕布。

5. 为了避免人们在大楼内窒息的可能性，这条毯子有策略地在指定的"火灾应急"房间里设置了与窗户对齐的洞口。

发明者的话　　"一般来说，建造高度超过60.96米的消防逃生梯是不可行的。当高层建筑发生火灾时，大火一旦切断了人们从电梯或消防逃生楼梯上逃生的通道，如果没有及时被降落在屋顶上的直升机救出，他们就会被迫跳楼逃生。"

齐柏林飞艇

专利名称： 可航行气球

专 利 号： 621,195

专利日期： 1899年3月14日

发 明 者： （德国斯图加特）费迪南德·格拉夫·冯·齐柏林
　　　　　　（Ferdinand Graf von Zeppelin）

用途　　齐柏林飞艇是一种比空气轻的飞船，有一个坚固的框架，用于载客或货运。

早在1903年莱特兄弟升空之前，另一对兄弟就取得了类似的壮举。1783年，法国蒙哥尔菲耶（Montgolfier brothers）兄弟演示了热气球模型的首次飞行。那一年，法国其他地区也迅速效仿，人类实际上实现了飞行。随着时间的推移，人们构想出了不同风格和型号的气球状飞行器，其中包括飞艇。飞艇是一种比空气轻的自推进飞行器，具有方向控制操作台。这种飞艇的发明者之一费迪南德·格拉夫·冯·齐柏林的名字现在与他的发明永久地联系在了一起。

作为一名前普鲁士军官，齐柏林在1900年建造了他的第一个刚性飞船——由一个坚固的轻型框架组成。飞船充满氢气，长约128米，直径约12米。一对平底舱用来装载乘客和船员。前部和后部的舵提供转向，并使用一个内燃机来推动它。

但是齐柏林有更大的想法：用大型飞艇组成的舰队运送大量货物。1908年，他创建了齐柏林飞艇基金会（Zeppelin Foundation），以推进他在航空导航方面的想法。两年后，他的一架飞艇获得许可，可以提供第一次商业客运航空服务。

齐柏林飞艇公司制造的最大飞艇被命名为"兴登堡号"。据说它是为了反映纳粹德国的伟大而设计的。这架豪华飞艇长达243.84米，相当于几条街的长度，提供从欧洲到北美的两天航程。兴登堡号后来被比作泰坦尼克号，不仅是因为它的大小，还因为它悲惨的命运。1937年5月6日，在新泽西州的莱克赫斯特，载有欧洲乘客的兴登堡号在停靠时突然起火，造成35人死亡。这一事件标志着飞艇黄金时代的突然结束，并一直留在人们的记忆中，因为它被戏剧性地拍成了电影。

工作原理

主体架构被分成各自独立的隔间。每个隔间内都装有一个主气囊和多个辅助气囊。一个可移动的托架支撑转鼓重量，也支撑附加的绳子和吊舱的重量。串联在一起的气球设有刚性壳体，前壳体设有驱动机构。有了确保外壳和成对气囊之间固定的覆盖物，飞艇的其余部分可以承载货物。

No. 621,195.

Patented Mar. 14, 1899.

FERDINAND GRAF ZEPPELIN.
NAVIGABLE BALLOON.
(Application filed Dec. 29, 1897.)

(No Model.)

4 Sheets—Sheet 1.

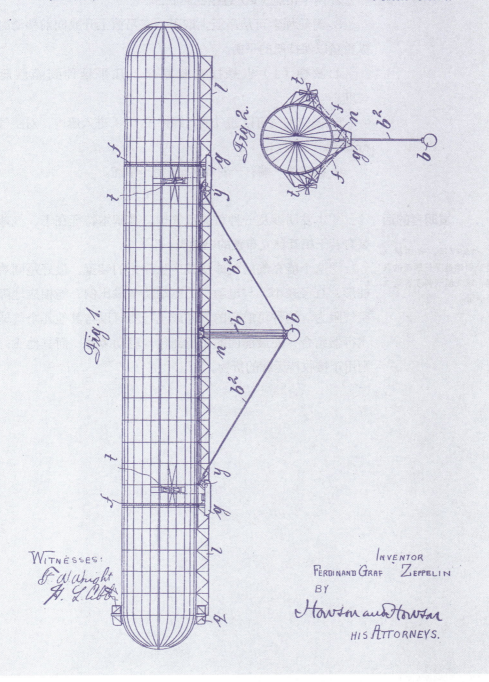

INVENTOR
FERDINAND GRAF ZEPPELIN

BY

Howson and Howson

HIS ATTORNEYS.

如第205页图所示：

1. 动力吊舱（b）由滑轮绳和滑车组（b¹）（b²）悬挂在艇下方。

2. 两个吊舱（g）悬挂在艇底部。

3. 滑轮绳索可从吊篮上取下，在吊篮上升或向前移动时操纵重量以保持艇的平衡。

4. 舷梯（l）也悬挂在艇底部，几乎延伸到整艘艇的长度。

5. 操作人员可以通过钢丝绳梯子（f）进入艇内，对空气进行调节。

6. 在艇的一端有一对舵（q）用于掌舵。

发明者的话

1997年，齐柏林飞艇公司建造了一艘新的飞艇，该飞艇获得了客运飞行认证。

"本发明涉及一种可航行气球，其基本特征在于，气球上装有若干相互独立布置的电动机。"

"这个能充气的气球及其产生浮力的装置，最好是圆端圆柱形，直径较小，与电动机的驱动功率成比例，能相应地降低空气阻力。这种可航行的气球或飞行器可以与其他几个气球或飞行器结合，使最前面的飞行器包含驱动装置，而其他飞行器则用于接收待运载的货物。"

Five

第五章

便捷的发明

Fig.1

自动柜员机

专利名称：信用卡货币分配器

专 利 号：3，761，682

专利日期：1973年9月25日

发 明 者：（得克萨斯州达拉斯）托马斯·巴恩斯（Thomas R.Barnes）、（得克萨斯州欧文）乔治·R.查斯坦（George R.Chastain）、（得克萨斯州达拉斯）唐·C.韦策尔（Don C.Wetzel）

用途

     分发现金、接收银行存款，并将账户信息通过个人磁卡激活的公共终端自动传递给银行顾客。

背景

路德·西姆安是天生的发明家，一生拥有大量专利。他研发了自拍相机，并获得为百货商店生产制造许可。他还发明了为二战期间训练飞行员而设计的距离估计训练器。

     20世纪70年代早期，当第一台这样的现代机器安装在纽约银行外时，自动柜员机（ATM）并不是新事物。在土耳其出生的美国人路德·西姆安（Luther Simjian）早在1939年便构想了一台促进金融交易的远程机器。当时，一家公司，也就是现在的花旗集团不太情愿地决定去试运行西姆安的设想，但全世界都还没准备好当时的机械便利性。

     "似乎唯一使用这些机器的人，"西姆安写道，"是少数的不想与银行柜员打交道的妓女和赌徒。"西姆安永远不会从他的发明中赚钱——因为六个月后它就被拆除了。

     几十年后，世界变得更加精通技术。唐·韦策尔（Don Wetzel）在银行排队等候时"重新构思"了自动取款机。韦策尔和两位同事列出了当时为Docutel（一家开发自动行李处理设备的公司）做出的专利申请。

     这三个人制订方案，让离线机器可以通过第一批自动柜员机卡上的编码信息记录和存储交易信息。但当时机器没有通过计算机连接到中央银行。在开发联机系统之前，银行对于哪些客户可以享受自动柜员机特权非常挑剔。

     如今，自动柜员机已经非常先进，除了分发现金外，还可以执行多种银行功能操作。机器几乎遍布世界上各个街角，而走进银行办事，对许多人来说，这已经是过去的事了。

工作原理 　　1. 一张已编码的塑料卡插入或"扫过"代码驱动并包含代码加扰技术的自动取款机。

　　2. 用户输入个人识别码，该号码将会与存储在机器中的编码信息进行核对。

　　3. 一旦验证成功，自动分配装置就会对用户指令做出反应。

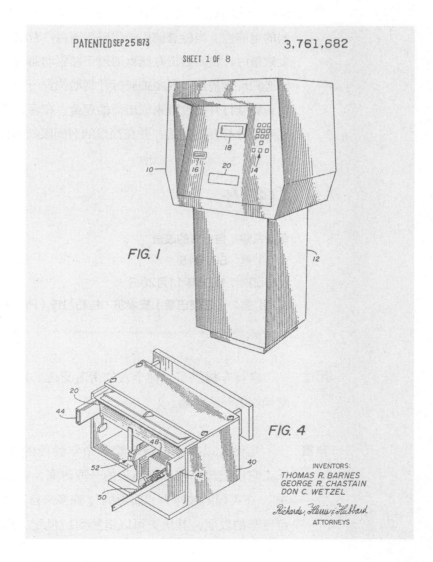

发明者的话　　"货币分配器对其处理的编码信用卡做出回应，自动分发货币金额交换介质。将编码的信用卡交给货币分发器，并进行初步检查，以确定该卡的格式是否正确。在检查信用卡格式之后，对其上的编码信息进行评估，以检查用户的身份，然后再授权用户从机器接收现金。当完成了对信用卡代码的几个额外检查后，旧代码将被删除并替换为新代码。新代码包含与旧代码相同的信息，但经过更新以反映额外的资金分配交易。原始代码和更新的代码都根据改变的密钥进行加扰。每次使用后对信用卡代码进行加扰可以最大限度地减少未经授权使用资金分配器的可能性。当检查信用卡代码表明用户有权接收他所选择的资金数量时，资金数据存储器通过正馈驱动器将所需钱款数量信息传送到现金抽屉。现金抽屉打开制动位置……允许顾客将抽屉移动到完全打开的位置来取出他的现金。在释放现金抽屉后，它返回到部分打开的位置，并在预设的时间限制后自动关闭。"

自行车

专 利 名 称： 自行车的改进
专 利 号： 59,915
专 利 日 期： 1866年11月20日
发 明 者： （法国巴黎）皮埃尔·拉勒门特（Pierre Lallement）

用途　　自行车提供了一种个人的街道交通工具，是通过一个人脚踏操作的轮式车辆。

背景　　几代人以来，自行车给各个年龄段的人带来了无尽的欢乐。它们已经存在了相当长的一段时间，在法国被叫作"脚踏车"，在英国则被称为"摇骨机"。许多来自不同国家的人参与了自行车的发明，其历史可以追溯到17世纪，远早于皮埃尔·拉轮子是由固体橡胶制成的，直到1887年，约翰·博伊德·邓禄普（John Boyd Dunlop）用花园水管为三轮车制造了充水轮胎。后来他使用了空气，很快充气轮胎就成为了制作标准。

第一辆女式自行车的车架是由杜利亚（Duryea）兄弟中的一人设计的，杜利亚兄弟是制造美国第一辆汽车的先驱者。这两个兄弟最初是自行车制造商。女式车的车架是倾斜的，以便身材娇小的骑手更容易骑行。

世界上最长的自行车由荷兰一家自行车厂制造，超过35.66米。一个人必须在前面掌控，另一个人必须在后面踩踏板。

1868年的脚踏车

勒门特（Pierre Lallement）在1866年获得美国专利的时间。到1895年，多项专利被授予针对自行车的变化和改进，以至于美国专利局为这些发明设立了一个单独的部门。19世纪70年代研发的一种流行的模型是"前轮大、后轮小的自行车"，它的特点是有一个高座椅位于巨大的前轮上方，而前轮直径大约是后轮直径的四倍。

虽然关于自行车的起源还有很多争议，但皮埃尔·拉勒门特被许多人认为是自行车的发明者、现代自行车之父。19世纪60年代初，拉勒门特在一家生产轮椅和婴儿车的公司工作，但他开始萌生自己生产产品的想法。当拉勒门特意识到其他人也在从事类似的发明时，他带着一些零件去了美国，并获得了康涅狄格州一个车间的使用权。在这里，他完成了后来成为美国第一个与自行车相关的专利——踏板。

今天，在世界各地，自行车提供了一种流行的交通、娱乐和运动形式。拉勒门特的祖国举办了世界上最著名的自行车比赛——环法自行车赛，这是再合适不过的了。

如下图所示：

工作原理

1. 框架（C）连接两个轮子（A）（B）的轴。

2. 前轮的支架安装在由车把（D）控制的枢轴上。

3. 前轴连着一对曲柄（E），曲柄又连接踏板（F）。

4. 骑车者跨坐在座位上，开始踩踏板，平衡身体在车架上的重量，并使自行车前进。

5. 刹车会稍有滞后，但骑车者可以控制减慢踏板转动速度。

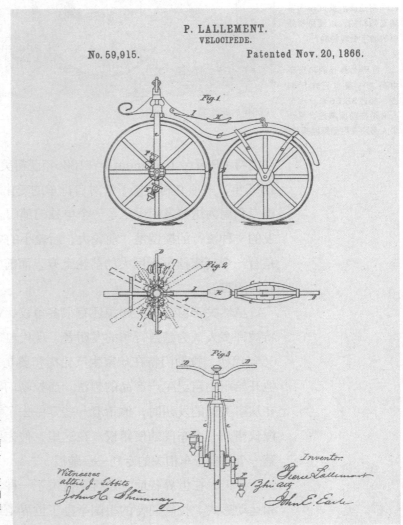

这个模型来自另一个"脚踏车"的专利申请。那是一辆早期的三轮车，其专利在1891年被授予E.J.布拉德（E.J.Blood）（专利号211959）。
来源：罗斯柴尔德·彼得森（Rothschild Petersen）专利模型博物馆

　　"我的发明包括两个轮子的排列，一个直接在另一个前面，结合一个驱动轮子的机构和一个引导装置。这种安排也使骑车者能够在两个轮子上保持平衡。"

后膛装弹军械

专利名称：武器改进

专 利 号：30,045

专利日期：1860年9月18日

发 明 者：（罗德岛州沃伦）查尔斯·布朗（Charles F.Brown）

用途　　后膛加载大炮并不是美国内战时期最受欢迎的武器，但它们确实引入了枪支装弹的新理念，最终加快了枪支的发射速度。这个可以比作半自动机枪的前辈。

背景　　在1861年至1865年间，美国南北战争的战场有1万多处，60多万士兵参加了战斗，2%的美国人死于战争。1863年，当联

弗吉尼亚州里士满的一门后膛装弹大炮

邦士兵在宾夕法尼亚州的葛底斯堡战役中击败南方联盟军时，战争主导权转向了北方。1865年1月31日，国会成功地通过了美国宪法第十三修正案，废除了奴隶制。

在南北战争之前和爆发后的血腥岁月期间，枪支制造商们四处奔波，试图取得政府合同。他们制造了几十门这样的膛线炮，而且有许多种类。后膛装弹（通过底座装弹）和炮口装弹是两种类型，但大多数内战火炮是炮口装弹，因为后膛装弹还没有完善到适合战斗的程度。后膛装弹大炮无疑走在了时代的前面。如查尔斯·布朗的这项发明，旨在推进到敌阵时自动装弹和开火，减少每次开火之间的时间和人力。

原罗斯柴尔德·彼得森
专利模型

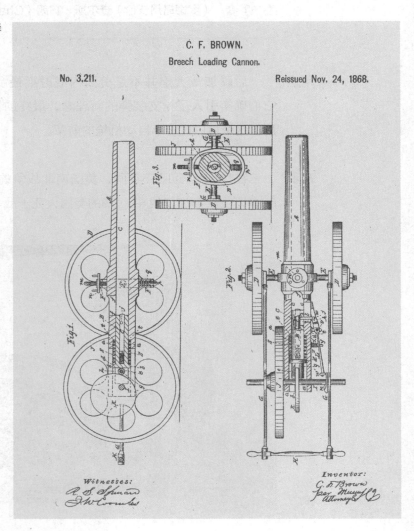

如第214页图所示：

工作原理

1. 手柄（H）被连接到火炮前端处的两个轮子（D）的轴上。

2. 第三个轮子（J）位于后面，与大炮的后膛并置。

3. 当喷枪移动时，第三个轮子旋转它的轴（I），如图2（Fig2）所示。

4. 旋转轴使凸轮（K）向前驱动后销（b），使其超过孔（f，f）。

5. 多个弹药筒可以设置在孔上方的弹匣中，当后膛销后退并且允许进入孔时，弹匣将一个接一个地下落。

6. 当后轮从地面抬起，曲柄（如模型照片所示）附着在轴的一端，使车轮转动、凸轮移动时，也可以在固定位置发射火炮。

发明者的话

"我的发明的目的是使一门大炮在被拖到地面上时能够反复发射，这样它在向前推进、追击敌人或遇敌撤退时就可以非常有效。"

碎煤机

专利名称： 煤炭破碎机的改进

专 利 号： 219,773

专利日期： 1879年9月16日

发 明 者： （宾夕法尼亚州威尔克斯－巴里）菲利普·亨利·夏普（Philip Henry Sharp）

用途　　碎煤机是一种大型机器，用于煤矿开采作业，将从矿井中取出的原煤碎成更易于处理的小块。

背景　　煤炭是地球表面下的一种有限的自然资源，是一种矿物燃料，含有无定形碳和各种有机和无机化合物。在其全盛时期，煤炭推动了欧洲和美洲的工业革命。它推动了美国铁路向西扩

每年有一千多名煤矿工人死于黑肺病。

宾夕法尼亚州斯克兰顿，一群男孩正在给碎煤机里出来的煤分类

张，以及世界各地蒸汽船带来的贸易和商业活动。煤炭曾经并且现在仍然用于发电，给家庭供暖，以及用于可以熔化铁矿石的高炉来冶炼钢铁。

19世纪中期，宾夕法尼亚州的怀俄明山谷在"黑金"淘金热中扮演了重要角色。无烟煤的矿脉在周围山丘的地下到处延伸，人们到处挖竖井。威尔克斯-巴里变成了一个主要的火车站、一个巨大的煤矿开采中心，以及成千上万需要工作的来自威尔士、德国、英国、爱尔兰和俄罗斯移民的圣地。

这些贫穷的移民被矿业公司剥削。年轻的男孩被雇来操作碎煤机，将开采出来的煤从岩石中分拣出来，同时把煤压碎成便于处理的小块。虽然碎煤机在最下面，矿工在最上面，但矿井里的生活一点也不光荣。工作条件恶劣，意外死亡是一种职业危害，也是一种普遍的现实。

如第217页图所示：

工作原理　　1. 两个横向固定的板（a）（a）相互倾斜，设置在框架（b）上，通过其下端的开口送入料斗（x）。

2. 相应的水平孔径对准每个板，但在不同的垂直平面。

3. 与板平行，两个轴（c）（c）安装在轴承（c'）中；每根轴上都有一系列偏心距（d'），并配有带子（d）。

4. 镐或碎煤机（e）安装在皮带上，并用钥匙或固定螺钉

原罗斯柴尔德·彼得森
（Rothschild Petersen）
专利模型

煤有四种基本类型：

无烟煤是一种用于取暖和发电的硬煤。

烟煤是一种常用来发电的软煤。作为一种燃料，它不如无烟煤有效。

亚烟煤是在烟煤层下发现的一种暗黑煤，用于发电和供热。

褐煤是另一种硬煤。它的灰分和含水率较高，所以它的价值没有无烟煤高。

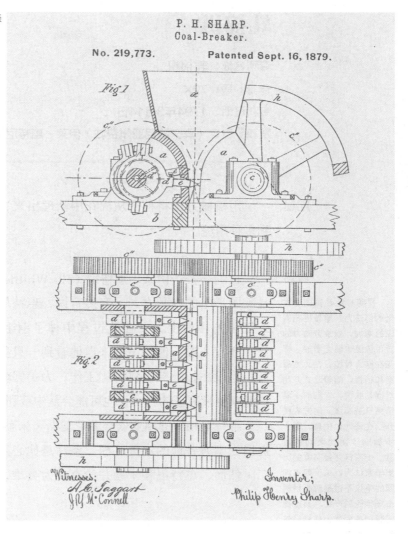

P. H. SHARP.
Coal-Breaker.

No. 219,773.   Patented Sept. 16, 1879.

Fig.1

Fig.2

Witnesses;
A. C. Taggart
J. H. M. Connell

Inventor;
Philip Henry Sharp.

固定。

5. 往复式镐穿过板孔，当煤通过料斗进料时被破碎。

发明者的话

"通常所造的碎煤机基本上是由两个平行的辊子组成的，其外围布满了齿，这些齿可以碎裂进入和通过辊子之间的煤块。这种结构是令人不满意的，因为辊研磨煤的破碎作用在相当大的程度上会造成大量浪费。为了避免这种结果，在某些情况下辊子被摒弃，煤炭是通过振动盘来破碎的，每个振动盘携带一系列在固定的料斗内操作的镐或破碎机。"

轧棉机

专利名称：轧棉机

专利号：72X

专利日期：1794年3月14日

发明者：（宾夕法尼亚州费城）伊莱·惠特尼（Eli Whitney）

用途　　用机械方法将种子从棉花中清理出来，进一步加工，以得到多种用途。

背景　　1794年授予伊莱·惠特尼（Eli Whitney）的轧棉机专利，是美国最早的专利之一。有传言说，惠特尼是在看到一只鸟撞到笼子的栏杆上，并在此过程中掉了羽毛后，产生了这个想法；还有人说，他的灵感来自他看到一只猫试图在铁笼里抓小鸡。他设想，轧棉机将简化工作，为美国南方日益衰落的棉花产业恢复衰减了的利润，他可能会从中获利。

惠特尼和他的商业伙伴菲尼亚斯·米勒（Phineas Miller）提出为南方各地的农民轧棉，条件是他必须收取利润的五分之二。然而，惠特尼和米勒并没有成为英雄，反而激起了农民们

平等！还是美国北方佬的创造力？随着棉花供应的增加，奴隶劳动力的货币价值也随之增加。棉花在南方种植，在北方碾磨和销售，随着北方开始对棉花收税，人们的不满情绪日益高涨。南方农民开始在海外做生意，进一步加剧了南北之间的敌意。一些持怀疑态度的历史学家认为，关于奴隶问题的争议不过是对原材料市场争论的产物，而道德问题则是联盟为保持经济优势而进行的一种掩饰。

轧棉机的木制版，由原始模型制作而成

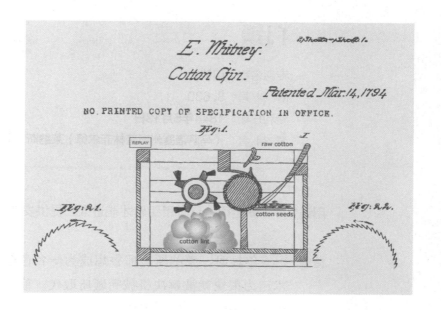

的不满情绪，认为他们的收费不公平。农民们选择生产自己的轧棉机，南方繁荣起来，而惠特尼的专利却没有得到保护。

惠特尼去了北方，在那里他制作步枪更为走运。虽然惠特尼没有从他的轧棉机中获利，但是他的精明发明家的声誉已经很好地建立起来，使他能够从美国政府那里获得生产1,000支步枪的合同。在完成交易的过程中，惠特尼改进了一种工厂生产和组装各种枪支部件的方法，这让技艺精湛的枪械工匠和其他业内专家大为失望。

工作原理　　　1. 原棉通过传送带和传动轴送入主设备。

2. 在该装置中，滚筒旋转并通过筛网，压在进入的棉花上。

3. 筛子把种子从棉绒中分离出来。

4. 鼓上的钩状爪子抓住棉绒。

5. 旋转的刷子把棉花从爪子上刷下来。

发明者的话　　　"这台机器可以很容易地由马或水力来转动。除了用篮子或叉子把棉花放进料斗里、必要时缩小料斗及将种子洗干净过程中需要使用人工外，其他由机器完成。"

门锁

专利名称: **门锁**
专 利 号: **3, 630**
专利日期: **1844年6月13日**
发 明 者: **（马萨诸塞州斯普林菲尔德）莱纳斯·耶鲁（Linus Yale）**

用途　　固定门，只有用钥匙才能进入，提供安全性和隐私。

背景　　年轻时，莱纳斯·耶鲁想成为一名肖像画家，但他的艺术精力很快就被解决机械问题所取代。他决定追随父亲的脚步，成为一名锁匠。这种简单的门锁是在1851年——耶鲁因其万无一失的银行锁而名利双收之前发明的。这一成功使他能够开设自己的商店，并继续设计这种锁，这种锁可以保护银行免受抢劫、房屋不受入侵者袭击、浴室不被意外闯入。

　　如第221页图所示：

工作原理　　1. 转筒（E）是一个简单的圆柱体，其直径与放置它并使其旋转的圆柱形插座相同。

莱纳斯·耶鲁

　　2. 它的中心用一个圆柱形的空腔穿孔以容纳钥匙，并且在其周围穿孔，与锁盒前板内圆形边缘（C）的径向孔数量相同。

　　3. 在旋转圆筒的孔上装有活塞（F），该活塞将另一组活塞（D）从转筒的孔中推出，直到其两端与转筒的外周和轮辋的内周重合为止。

　　4. 在这个位置，转筒可以旋转以锁定和解锁螺栓。

　　5. 钥匙（K）是一个圆柱，其外围包含的楔形空腔或沟槽（x）与活塞的数量相同。

　　6. 钥匙还包含一个齿（k），可以插入转筒内相应的空腔或缺口（n）。

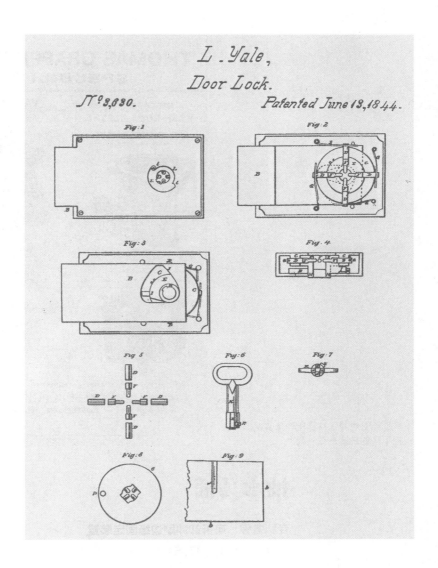

发明者的话　　　"改进之处在于在锁盒的前板内侧上有一个圆柱体或圆形边缘C，以任何方便的方式固定或铸造，这样就形成圆柱形插座。所述圆柱形或圆形边缘从外周到内周穿孔，孔位于从圆心向外辐射的线上；孔中放置圆柱形活塞D，圆柱形活塞D穿过所述孔并进入旋转圆筒或转筒E（具有轮毂或臂）中的相应孔。该旋转圆筒或转筒E在所述圆柱形插座中转动，用于锁定如下所述的螺栓，所述活塞通过连接到盒子前板的弹簧G插入中心（推动下文所述的其他活塞F）。"

早期的室内冲水马桶让异味留在里面，接下来的挑战是在外观上

抽水马桶

专利名称：可拆卸冲刷边缘固定装置

专 利 号： 1, 107, 515

专利日期： 1914年8月18日

发 明 者：（俄亥俄州代顿市）菲利普·哈斯（Philip Haas）

用途

抽水马桶是一种室内卫生设备，用于清除人体排泄物。它也为许多人提供了一个安静的地方来享受阅读材料，比如你现在拿着的书。

背景　马桶的起源可以追溯到很久以前。但是这种利用自来水去除人类排泄物的技术出现不久。1775年，当英国人亚历山大·卡明斯（Alexander Cummings）发明了一个水箱，在U形管道中截留水以阻挡下面所谓的"臭味陷阱"中的有害气味时，厕所发展的关键时刻出现了。连接到水池底部的软管上有一个阀门，用来将垃圾冲下去——这时抽水马桶还处于初期阶段。

新大陆在采用这项技术方面有点慢。几十年后，第一个美国人获得了水箱的专利。但是到了19世纪末，出现了许多巨大的进步。这项专利是20世纪前30年美国研发的数百项马桶发明之一。它描述了一种可拆卸的固定装置，带有开口，用于控制

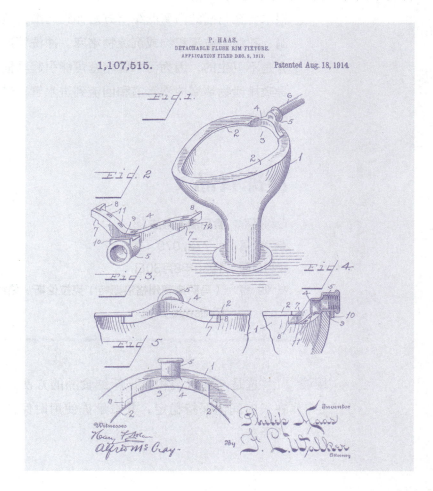

水源，并保持马桶清洁。

最终，马桶组件包括水箱和节水虹吸管，它们依靠大气压力将水从水箱中推出，越过屏障，从另一端流出。

如第223页图所示：

工作原理　1. 安装在供水管上，使冲洗边缘固定装置紧贴马桶开口后部。

2. 该固定装置包括一系列射孔（11），射孔将水向下冲射到马桶的内部后表面。

3. 在夹具的两端，额外的孔（12）是用来引导水以相反方向冲刷马桶周围。

发明者的话　"到目前为止，本文所示类型的抽水马桶，通常是用一根水管在马桶的内弯凸缘下方延伸到周围。这种管道通常有孔洞，孔洞会被沉积物或沉淀物堵塞。冲洗管道位于马桶边缘下方是不卫生的，因为污水管堵塞可能引起马桶堵塞或溢出，将导致排泄物堵塞冲洗管道和回流到进水管，进而可能污染房屋的供水。"

冷冻食品

专利名称：食品制备方法

专 利 号：1, 773, 079

专利日期：1930年8月30日

发 明 者：（马萨诸塞州格洛斯特）克拉伦斯·伯德塞耶（Clarence Birdseye）

用途　这是一种包装和冷冻新鲜食品的方法，它可以确保食品在长时间内保持稳定，并在解冻使用时保持其风味、质地和色泽。

1928年，当人们正在进行深入的研究以开发一种更好的制冷系统，并最终发明了氟利昂时，克拉伦斯·伯德塞耶正在申请与冷冻食品的制备和包装有关的专利。天平已经向有利于他的方向倾斜。

在流水线上的伯德塞耶，引领了现代方便食品的时代

伯德塞耶成为冷冻食品之父，是完全有道理的。他原来主修生物学，但从大学退学后，便作为一名北极自然学家为美国政府工作。在北极，伯德塞耶看到了当地人是如何利用他们的环境的。他们把刚捕到的鱼放在冰冻的海水桶里，鱼被捕获很长一段时间后煮熟了，味道仍然很新鲜。他得出结论，食物在低于零摄氏度时迅速冻结，以至于食物的细胞结构保持完好。

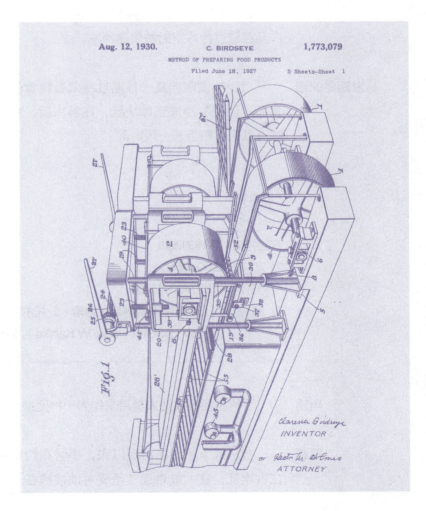

225

伯德塞耶去了纽约，用一台电扇、几桶盐水和大量的冰来复制这种自然现象。最终，他完善了一套包装和速冻新鲜食品的体系，这让他的名字与如今价值数十亿美元的冷冻食品行业密不可分。

到20世纪50年代末，冷冻食品的销售额已经超过10亿美元，超过60%的零售杂货店都在储备冷冻食品，飞机上也使用了冷冻食品。

工作原理

1. 食物被压缩成一种紧密的形状。

2. 然后食物被包装在包装袋或纸箱中，以便日后出售。

3. 在传送带系统中，用金属板进一步压实包装。

4. 同时，金属板保持在−45.6~−28.9摄氏度的温度，有助于产品在通过冷冻室时被快速冷冻。

发明者的话

"我的发明涉及一种通过冷藏处理食品的方法，最好是将食品'快速'冷冻到冰块状，在解冻后，食品的原始品质和风味可以保留相当长一段时间。"

手铐

专利名称：**手铐的改进**

专 利 号：200,950

专利日期：1877年3月5日

发 明 者：（纽约市布鲁克林区）约翰·J. 托尔（John J.Tower）和亨利·W. 卡尔克（Henry W.Kahlke），由约翰·J. 托尔所有

用途

手铐主要是执法人员用来作为一种便携式的临时约束器械。

背景

自从战争和犯罪出现以来，手铐和约束系统就一直存在。在古埃及，犹太奴隶通常是成对地被铐在一起。在殖民时期的

"逃脱艺术家"哈利·胡迪尼（Harry Houdini）
的海报

美国，轻微的罪行都要受到惩罚，比如把罪犯放在公共广场上
的枕木木架上。多年来，人们一直试图完善被称为手铐的可移
动的临时约束装置。大约在19世纪与20世纪之交，托尔这个名
字主宰了手铐行业。托尔从当时的另一位手铐制造商W. V. 亚当
斯（W.V.Adams）那里借鉴了可调节棘轮原理，亚当斯在1862
年获得了早期约束装置的专利。新一代的手铐约束了各种体型
的罪犯。手铐的效率可能会惹恼被捕的罪犯，他们记得更早的
简单金属环手铐时代，那时更容易逃脱。直到20世纪40年代，
托尔的手铐还一直成为行业标准。

如第228页图所示：

工作原理　　　1. 在图1（Fig1）中，槽口段（a）通过接头（b）与半径杆
（c）连接。

2. 链条的链节（d）也连接到接头上。

3. 空心的半径杆包含锁盒。

4. 在图2（Fig2）中，两个独立的弹簧锁扣（e）（e'）
锁在凹槽上，从而使锁扣更加牢固，使"撬锁"更加困难。如
今，手铐通常只有一个弹簧锁扣。

5. 在图1中，翻转开关（1）在螺柱（3）上摆动，并且末端带有槽口。

6. 螺栓（h）上的挡板或螺柱（o）可防止钥匙拔出螺栓，直到翻转开关处于使螺柱进入翻转开关槽口的位置。

7. 在图2中，纵向开槽的圆柱体（r）可供平板式钥匙插入并转动。在锁定位置，圆柱通过盖板（u）固定到位。

8. 盖板由螺柱（3）（4）固定到位，其位置与锁盒本身相对。

发明者的话　　"手铐是用一段槽口环和一个包含锁或锁扣的半径杆制成的。我们的改进是为了避免锁或锁扣被打开的风险。这种打开要么是通过钥匙孔插入的工具，要么是通过插在节段杆和半径杆之间的套管或薄金属片。"

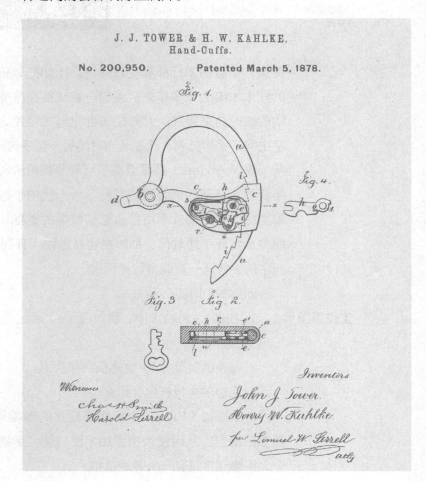

228

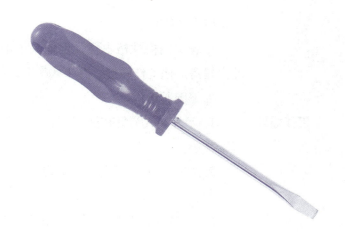

螺丝刀

专利名称: **螺丝刀**
专 利 号: **2,377,745**
专利日期: **1945年6月5日**
发 明 者: （加拿大魁北克省德拉蒙德维尔）埃米尔·贝朗格（Emile Belanger）

用途　　螺丝刀提供了一种有效的握持和操作手动工具的方法，并代表了对人体工程学的早期理解。

背景　　工具的制作应该尽可能地与手协调配合。这是贝朗格螺丝刀专利背后的定义原则。贝朗格的发明是将一系列凹槽和突出部位巧妙地放置在螺丝刀上，以适应手的需要。现在许多电脑键盘都遵循同样的原则。螺丝刀是现代人体工程学的近亲。

　　贝朗格的发明也许很简单，但他本人并非如此。他在公共场合露面时，无论什么季节、什么场合，都只穿西装且打领带。与他对新鲜海鲜的贪得无厌相比，贝朗格刻板的着装要求就显得温和多了。据他的孙女说，有一天晚上，这位发明家的妻子在回家后晕倒了，因为她发现晚餐漂浮在浴缸里，形状像一条巨大的鳗鱼。

尽管贝朗格性格古怪，但他是个坦率的思想家，喜欢在魁北克建房。他动作敏捷、办事效率高，能熟练掌握各种工具。

如下图所示：

工作原理

1. 手柄（A）具有抓握部分，顶部为圆形，与中心的直径逐渐减小。

2. 在中心的下面是一个突出部位（1），延伸到大约与顶部相同的直径。

3. 在突出部位下面是一个凹处，它的曲面直径与手柄中心直径大致相同。

4. 接着是一个更小的突出部位（3），逐渐变细成三角形的面（4）。

今天，这项专利中使用的人体工程学原理已经成为该科学和整个工业的基础。人体工程学认为，人体组织力学性能与组织对机械应力反应之间具有相关性。换句话说，制作一套更舒适的桌椅或一个不会引起腕管综合征的电脑鼠标，都是利用了人体工程学的研究成果。

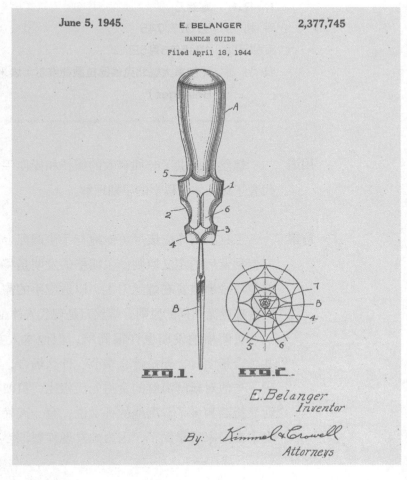

June 5, 1945.　　E. BELANGER　　2,377,745
HANDLE GUIDE
Filed April 18, 1944

E. Belanger
Inventor

By: Kimmel & Crowell
Attorneys

5. 第一个突出部位（1）为拇指提供了牢固的支撑，六个凹面（5）允许放置手指（除了食指）。

6. 真正引导工具运动的食指可以沿着工具延伸得更远，牢牢地放置在任何凹面内侧（6）上。

发明者的话　　"操作者应该有正确的方法来引导他的手和手指。这样，当他操作工具时，工具的运动变化应该最小。我设计了这样一个工具，在使用同样的方法时，操作者也避免了眼睛的劳累，因为他不需要永远盯着操作来发现或避免任何错误。"

　　"重要的是要注意拇指和食指所按住的这些凹面的相对排列。任何两个凹面（6）之间的分界线与突出部位（1）中凹面（5）的中心相对。这种对齐方式是为了对应在工具正常操作时手指在手柄上的正常位置。"

约翰迪尔犁

专利名称：铸钢犁及其他器械模具的改进

专 利 号：41,203

专利日期：1864年1月12日

发 明 者：（伊利诺伊州莫林）约翰·迪尔（John Deere）

用途　　约翰·迪尔（John Deere）为制造这种犁的方法申请了专利，此举在当时为他赢得了很高的声誉，在当今以他的名字命名的公司里，更是一笔巨大的遗产。他成功的秘诀是其铸造模具的方式，从而形成了极其高效的犁铧。

背景　　约翰·迪尔的故事开始于这项专利申请的40年前。当时，他在佛蒙特州做铁匠，磨炼自己的技能。"西方"的机会故事——在这种情况下是伊利诺伊州——最终诱使他搬到了那里。但在那里他并非一帆风顺。农民们对肥沃的土壤感到沮迪尔公司目前拥有约5.7万名员工，业务遍及全球160多个国家。该公司的产品线已大大扩展，包括骑式割草机、滑移装载机、林业挖掘机和自卸卡车等各种产品。2016年，迪尔公司的年销售额为260亿美元。2004年2月7日，公司创始人约翰·迪尔诞生200周年。

丧，因为与东部的土壤不同，这里的土壤太黏犁具，农民不得不经常停下来给犁刮泥。迪尔把解决这个问题视为自己的使命。他在1837年用钢材制造了一种抛光的、形状独特的犁头，固定在模具板上——模具板是一种弯曲的板，可以切割和转动土壤。而在那之前，犁只由木头或铸铁制成。

对约翰·迪尔来说，成功并非一蹴而就。他在1837年制造了一架犁。1838年他制作了两架。1839年他制作了10架。1840年，根据1840年的人口普查表，他仍然认为自己是一个铁匠。10年后，他注册为"犁匠"。到1858年，他每年生产1,000架犁。1864年，他为自己制作犁的独特想法申请了专利。4年后获得了一些专利，他的公司也注册成立。今天，迪尔公司是美国最古老的工业企业之一。

1852年约翰·迪尔的广告

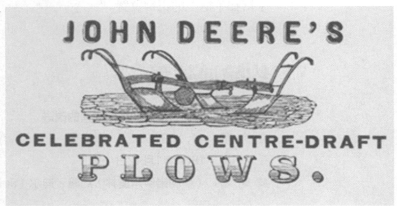

工作原理　　模具成型，涂上黑铅，然后烘烤。

发明者的话　　"我按照通常的方法，用干燥的沙子按合适的模型制作了一个模具，模具成型后，我在它的内表面涂上一层黑铅（石墨），它可能会被溶解了部分耐火土的水弄湿。用于成型模具的沙子也可以用含有耐火土的水调和。含耐火土的水比水具有使沙子和黑铅（石墨）更具黏性的特点。在模具成型并在内部涂上黑铅（石墨）之后，将其烘烤，如烘烤约12小时，或直到所有水分彻底从中排出为止。这样烘烤并彻底干燥时，黑铅（石墨）将在模具内表面形成硬壳、涂层或釉层，以防止熔化的钢渗入与沙接触。因此，沙子就不能被钢水熔化、切割，并且将形成或产生完美的铸件，或者具有光滑表面并且没有孔或气室的铸件。在烘烤和干燥之前，该模具可以穿孔，以让空气和气体逸出。我要进一步指出，这种模具仅用于一次性铸造，一旦使用，就会破碎或粉碎，与用于制成另一个模具的成分相同。"

猫非常细心，经常清洗自己。它们粗糙的舌头可以舔掉任何可能吸引昆虫或捕食者的气味

猫砂

专利名称： 添加杀虫剂的猫盒填料

专 利 号： 4,664,064

专利日期： 1987年5月12日

发 明 者： （密歇根州卡索波利斯）爱德华·H.洛（Edward H.Lowe）

做母亲的乐趣在于，每个人都想要宠物，但除了我没人会去清理猫砂。

——梅丽尔·斯特里普

用途　　　　猫砂是一种吸收性强、易于更换的沙状物质，被放在盒子或箱子里，作为家猫的如厕场所。猫砂能将气味和脏乱程度降到最低，猫也似乎很喜欢拥有自己干净整洁的厕所设施。

背景

随着商用猫砂产品的推出，猫越来越成为室内宠物。

让你的猫待在室内可以：

· 减少狂犬病等疾病的传播。

· 拯救鸟类、老鼠和蜥蜴，它们都是昆虫的天敌。

· 减少被邻居的德国牧羊犬咬伤或被当地罪犯折磨的机会。

这项专利只是授予爱德华·洛的几十项专利之一，他获得了"猫砂之父"的奇怪称号。洛的父亲亨利是一个小企业主，在1948年时出售工业吸附剂。洛刚从海军退伍不久，就加入了爸爸的生意，并试图向农民出售一种新的"漂白土"产品。这是一种部分由烤箱烤干的黏土球制成的筑巢材料。虽然当地农民对此没有表现出多大兴趣，但吸引了洛的邻居关注。为了应对她的猫的相关问题，洛建议使用这种吸附材料。使用后的结果让她印象深刻，猫砂就这样诞生了。

在猫砂进入商业市场并开创新产业之前，猫的主人通常用碎报纸、泥土或沙子来处理家里的宠物垃圾。与此同时，洛成了一名雄心勃勃的旅行推销员，并开始积极兜售他的猫砂。当他的产品开始吸引公众注意并打开销路时，洛创立了爱德华洛工业公司，并集中精力改进产品，比如添加一些成分来杀死引起异味的细菌，或者创造一种由水分活化的凝结作用，以便于清洁。这项专利代表了一种含有化学杀虫剂的猫砂，可以帮助猫在小便时不被跳蚤叮咬。猫砂之父于1995年去世。

工作原理　　　　1. 杀虫剂可以是产生蒸汽式的，也可以是接触式的。

2. 一种接触式的杀虫剂浸渍在黏土或任何固体无毒的有机聚合物中。

3. 本产品应直接与猫盒填料一起包装或单独包装，以确保密封。

4. 当猫在猫砂盒里抓痒时，它会释放出杀虫的化学物质。

5. 接触式杀虫剂，如庚烯磷、胺甲萘、残杀威、灭虫菊、二溴磷、敌百虫、杀虫畏、二嗪农和皮蝇磷。

"家养动物中的虫害控制长期以来一直是宠物主人最关注的问题。在此之前，人们通过给宠物佩戴含有杀虫剂的项圈，已经实现了对害虫的充分控制。这些项圈的主要缺点是动物必须经常戴着它们才能发挥作用。而这种持续的佩戴带来的摩擦增加了宠物中毒的风险，并且存在猫意外窒息的危险。"

"该发明的灭虫方法是将杀虫剂掺入分散在猫砂盒内的颗粒中，当猫使用猫砂盒时，杀虫剂颗粒释放蒸汽给猫清洁，从而防止跳蚤和其他害虫的侵袭。由于这些颗粒分散在猫盒填料中，因此既可以在猫砂盒中，也可以在猫身上防治害虫。"

旋转式刀片割草机很重，很难推上坡，但至少很安静

割草机

专利名称：割草机

专 利 号： 624, 749

专利日期： 1899年5月9日

发 明 者：（马萨诸塞州阿加瓦姆）约翰·阿尔伯特·布尔（John Albert Burr）

用途 这种简单的机器用最少的体力，通过随着设备向前推进而旋转的刀片，将草坪均匀地修剪到所需的高度。

作为更昂贵的赛车运动的替代方案，第一届英国割草机比赛于1973年举行，比赛项目分为后备式割草机、牵引式割草机和拖拉机座椅割草机。如今，最快的割草机速度超过214千米/小时。

1830年，英国格洛斯特郡的埃德温·布丁（Edwin Budding）获得了第一台"割草机"的专利。布丁的设计是基于地毯修剪工具，多个刀片围绕一个轴并排连接。

康涅狄格州居民亚玛瑞亚·希尔斯（Amariah Hills）在1868年获得了美国第一台卷筒式割草机的专利。美国东海岸郊区的扩张产生了对这种高效机器的需求。

第一台旋转式刀片割草机是康涅狄格州居民约翰·阿尔伯特·布尔（John Albert Burr）于1899年发明的。非裔美国发明家布尔为这台割草机添加了一些重要部件，为更安全、更好的割草机设定了新的标准。他还设计了一套三个弯曲的旋转剪刀，防止刚剪下的草堵塞齿轮，并在较长的刀片够得着的地方安装了牵引轮。这种设计使得割草机能够进入草地，同时减少了以前车轮位置造成的重叠。

如第237页图所示：

工作原理

1. 宽牵引轮（A）设置在轴（B）的内端。

2. 侧板（C）固定在每个轮胎的外缘轮毂上，支撑向外延伸的中心轴（f）、刀具的固定杆（k）和副轴（i）。

3. 齿轮（O）松散地安装在轴上，它与一个棘轮啮合，使刀片的旋转与牵引轮的运动同步。

4. 当操作者推动设备前进时，刀片旋转并以条带状均匀地修剪草坪。

发明者的话

"通过使具有向前延伸构件的侧颊板明显地向前偏移并超过牵引轮的外侧，旋转刀具颊板两端之间长度略微超过牵引轮两端外侧之间的距离。因此，如果旋转刀具的端部不是安装在与所述牵引轮的外侧重合的平面上，割草机就能更靠近建筑物或其他物体割草。可以看出，在使用该机器时，它每一次可以在比牵引轮之间的距离更宽的路径上割草，从而克服了在每次割草时一个轮正好在切割路径或条带的外侧而陷在草坪下面的缺点。"

J. A. BURR.
LAWN MOWER.
(Application filed Sept. 8, 1898.)

(No Model.)

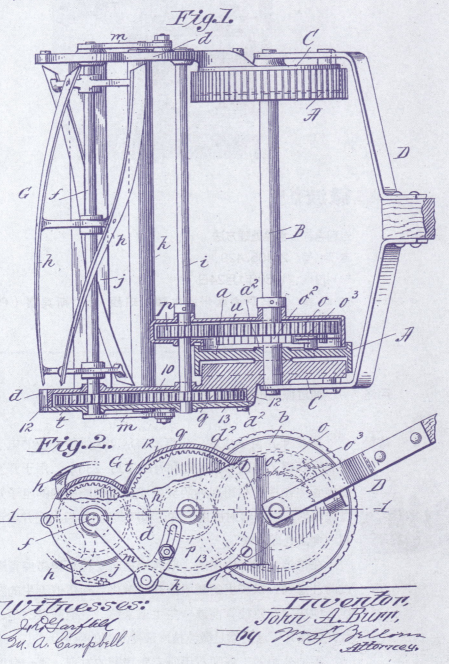

Fig.1.

Fig.2.

Witnesses:
J. H. Garfield
M. A. Campbell

Inventor,
John A. Burr,
by Wm. S. Bellows
Attorney.

微波炉

专利名称：**食品处理方法**
专 利 号：2，495，429
专利日期：1950年1月24日
发 明 者：（马萨诸塞州西牛顿）珀西·L. 斯宾塞（Percy L.Spencer）

用途　　通过微波辐射快速烹饪食物。

背景　　1946年，自学成才、一直没有从文法学校毕业的电子奇才斯宾塞获得了美国专利（专利号2，408，235），用于开发高效磁控管。磁控管利用加热阴极生成受电磁能影响的电子并产生微波辐射。微波辐射被用于雷达和斯宾塞4年后发明并申请的专利"食品处理方法"。

　　在雷神公司工作期间，斯宾塞在对一种新型磁控管进行测试时注意到，口袋里的糖果棒开始融化。利用他天生的发明本能，他决定在磁控管前放一些生玉米粒。令他高兴的是，玉米粒开始爆开（这仍然是微波技术最受欢迎的应用）。

　　雷神公司的工程师着手研究斯宾塞的发现。第一台商用微波炉于1947年问世。它重680.39千克，高13.97厘米。20年后经过多次修改，第一台家用微波炉上市。到1975年，对微波炉的销售速度开始超过传统的煤气灶。

如下图所示：

1.振荡器内的电子放电阴极（14）由导体（20）（21）连接。

2.这些导体依次由另一导体（22）和变压器（18）线圈（17）上的中心抽头连接。

3.同轴传输线（24）（25）交替地向导波器（23）输送高频能量。

4.导波器指向可调速输送机（28）上的一块食物。

工作原理

随着微波炉的出现，许多城市传说随之而来。例如，一位养波斯猫的老妇人过去常常给她的猫洗澡，用毛巾擦干，然后用电炉加热给它取暖。她儿子给她买了一台崭新的微波炉作为圣诞节礼物。下一次猫展的那天，她不懂这项技术，就把获奖的波斯猫洗了洗，放进微波炉里加热了几秒钟。猫儿没有时间"喵喵"叫。炉子一打开，猫就爆炸了。城市民间故事中涉及微波炉的还出现过贵宾犬、婴儿和爆炸的开水玻璃杯。

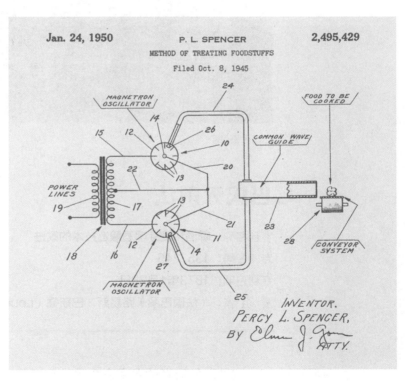

发明者的话

斯宾塞一生拥有150项专利。1999年，他被列入美国发明家名人堂。

"这种能量以前曾用于此目的，但所使用的频率相对较低，如不超过50兆周期。我发现，在这个数量级的频率上，为了产生足够的热量来令人满意地烹煮食物，就必须消耗太高的能量，因而无法实际应用。不过，我进一步发现，可以利用电磁波频谱中微波区的波长，如10厘米或以下的波长来消除这一缺点。这样一来,能量的波长就相当于要烹饪的食物的平均尺寸。结果,食物中产生的热量更多,消耗的能量最少,整个过程就具有高效和商业可行性。"

巴氏灭菌工厂

巴氏灭菌法

专利名称: 啤酒和麦芽啤酒酿造技术的改进
专　利　号: 135,245
专利日期: 1873年1月28日
发　明　者: (法国巴黎)路易斯·巴斯德(Louis Pasteur)

用途　　这种以发明者的名字命名的加热工艺可以杀死啤酒和牛奶等易腐烂液体中的细菌,并稳定和保存它们,而不会显著影响口感或质量。

背景　　路易斯·巴斯德是一位杰出的科学家,人们为纪念他的工作而以他的名字来命名热灭菌过程。这位法国科学家驳斥了长

路易斯·巴斯德

期以来的自发生成理论——该理论认为微生物产生于腐烂的生物物质。巴斯德认为微生物无处不在，它们不是腐烂的症状，而是腐烂的原因，并且通过一种特殊的热处理可以防止食品和饮料受到细菌微生物的污染，而这种热处理可以减少接触携带微生物的空气，但不会破坏食品。

巴斯德将他的理论付诸实践，提出了一种改良的发酵过程。在此之前，用酵母发酵糖，可以获得所需的酒精产品，但也产生了一些不良的副产品。巴斯德认为这些与特定的微生物——或称为"细菌"有关。它们负责发酵，但可以被分离出来，并经过处理以获得更好的结果。他还证明了特定的细菌是许多疾病的罪魁祸首，一些微生物在弱化形式下可以用于免疫接种。

这位发明家的5个孩子中有3个死于伤寒，他决心揭开这种疾病的神秘原因。他相当成功，发现狂犬病是由病毒传播的，这些病毒以前没有被发现，因为它们甚至在显微镜下都看不见。他后来研制出一种狂犬病疫苗。总之，巴斯德的工作彻底改变了食品灭菌和疾病治疗，他独自开创了医学和科学研究的各种新领域。

工作原理

为什么生啤酒的味道更新鲜？因为大多数商业啤酒厂都没有采用桶装啤酒的巴氏灭菌法（这会降低啤酒的风味），而坚持将啤酒妥善冷藏。

今天的大型商业啤酒厂仍然使用巴氏灭菌法。啤酒在罐中进行陈酿、过滤、人工碳酸化，然后进行巴氏灭菌，通过消除破坏啤酒质量的腐败微生物或残留的酿造酵母来保持啤酒的新鲜度。巴斯德开发的工艺也为饮料装瓶打开了大门，允许人们在家享用饮料。如第242页图所示：

1. 在啤酒的巴氏灭菌过程中，将沸腾的热麦芽汁——未发酵的麦芽液倒入罐（A）中。

2. 从气体供应罐（M）中，将碳酸气体通过管道（w）注入罐中，以便从麦芽汁中去除空气。

3. 供水管道（E）通过喷嘴（P）将喷雾输送到罐体外部以冷却麦芽汁。

4. 将麦芽汁留下或运送到另一个容器中，在那里发酵。

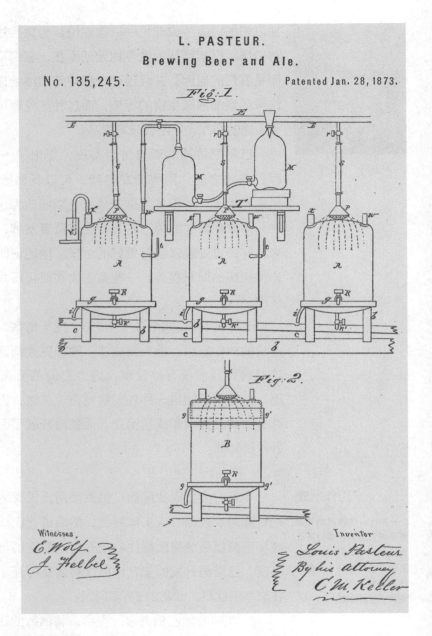

发明者的话　　"我的发明的目的是用同样数量和质量的麦芽汁生产出质量更好、数量更多的啤酒，并生产出一种在运输和使用中由于时间不同和气候变化但品质更具有稳定性的啤酒。为了实现这个目的，我的发明是在密闭的容器中将煮沸的麦芽汁中的空气排出，然后通过向容器外部喷水来加以冷却。"

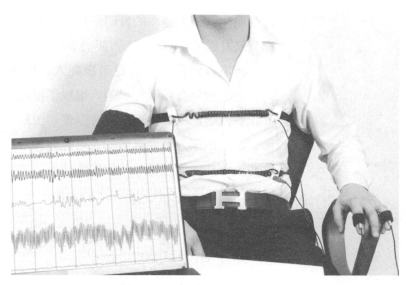

进行测谎仪测试

测谎仪

专利名称： 记录动脉血压的装置
专 利 号： 1,788,434
专利日期： 1931年1月13日
发 明 者：（加利福尼亚州伯克利）伦纳德·基勒（Leonard Keeler）

用途　　　测谎仪可以测量一个人在接受调查问话时的各种生理波动，以帮助确定这个人是否如实回答了问题。

背景　　　测谎技术在1921年被引入科学领域。加州大学医学院的学生约翰·拉尔森（John Larson）发明了第一台测谎仪——一种测量血压、脉搏和呼吸在回答提问时变化的仪器。该装置的基本原理是相信人们在接受调查时如果说谎就会产生不自觉的生理反应，这些反应可以被专家检测到。伦纳德·基勒（Leonard Keeler）是一名犯罪学家，他热切地支持拉尔森的发明及其背后的理论。随后，他改进了这项发明，申请了专利，并对其进行商业化营销。基勒的发明最初只用于医学和心理测试，这是测谎仪发展过程中原始而重要的第一步。

　　测谎仪常用于审问犯罪嫌疑人，但并不完全可靠。一些人认为，最具有犯罪意识的人摆脱了相对正常的心理约束，因此能够控制自己的生理反应，以便"击败"这种机器。另一方面，在审讯压力下说真话的人可能会表现出一些生理迹象，而这些迹象并不能正确地暗示真实情况。测谎仍然是一门艺术，测谎仪测试通常不作为法庭上的证据。

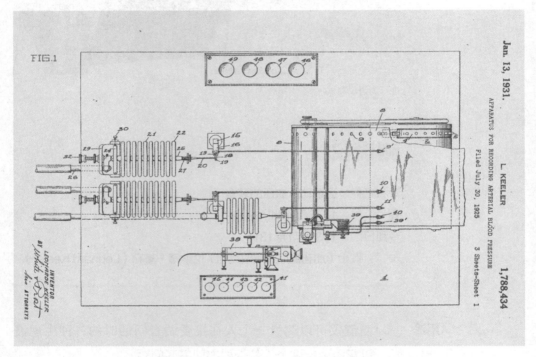

工作原理　　1. 脉搏仪贴在人体上测量血压。

　　2. 它也连接到记录设备上。

　　3. 一旦血压波动大于正常心动周期引起的波动，记录设备就会记录在纸上。

发明者的话　　"本发明的一个目的是提供一种方法，可以将脉搏图或心动周期与动脉压中较慢振荡同时记录和叠加，从而可以确定每个波动的特征，以及它们在任何时刻的相互关系。"

便利贴

专利名称: 丙烯酸酯微球表面板材

专 利 号: 3,857,731

专利日期: 1974年12月31日

发 明 者: （威斯康星州特洛伊镇）小罗杰·F. 梅里尔（Roger F. Merrill, Jr.）、（明尼苏达州圣保罗）亨利·R.考特尼（Henry R.Courtney），为明尼苏达矿业制造公司所有

用途   便利贴是有史以来应用最迅速、最广泛的创新办公用品之一。它们有不同的颜色和大小，可以贴在世界各地的文件、电脑显示器、门、窗户和抽屉上，以帮助单位里各个级别的员工。人们用它们来提醒实习生发邮件，告诉执行官要出席董事会会议，甚至是让丈夫记得买牛奶。

背景   1970年，明尼苏达州采矿和制造公司（3M）实验室正在进行一项研究，以改进该公司在许多胶带中使用的丙烯酸酯黏合剂。毕竟，该公司首先开发出了玻璃纸胶带。斯宾塞·西尔弗（Spencer Silver）发明了一种不太管用的黏合剂——由于小球与胶带背衬之间的接触是间歇性的，所以他以小球形式制成的黏合剂黏性太弱，无法很好地粘在任何胶带的背衬上。尽管他的发明被认为不够好且没有任何商业价值，但西尔弗并没有放弃。他讲述了这种黏合剂的可能性，并赞扬它可以作为喷雾黏合剂的潜力。他于1972年发明"丙烯酸酯共聚物微球"，获得美国专利（专利号36911140）。

    此后不久，3M公司产品开发研究人员之一的亚瑟·弗莱发现了西尔弗黏合剂的价值：可以用它来制作更好的书签。公司内部传闻，弗莱因为他的发现没有获得人们的称赞而感到沮丧。但是弗莱的想法启发了其他人，很快便利贴就诞生了，并于1980年在办公用品商店的货架上开始销售。

帮助开发了便利贴的亚瑟·弗莱（Arthur Fry）

如第247页图所示：

工作原理

1. 弹性体共聚物球（30）的直径范围为1～250微米。

2. 它们被设置在黏合剂（30）所黏附的基材（20）上。

3. 基材没有那么多孔，以使弹性体共聚物球能完全渗透其表面。

4. 该专利中列出的一些基底材料包括由聚酯、醋酸纤维素、聚氯乙烯构成的薄膜、玻璃、木材，以及由乙烯基共聚物和聚氨酯铸成的闭孔泡沫塑料和纸张。

发明者的话　　"本发明涉及压力敏感型片材结构。更具体地说，它涉及一种含黏合剂系统的片材结构，该黏合剂系统允许材料可以反复不断地粘贴和撕下。"

时尚设计师伊尔泽·维托丽娜（Ilze Vitolina）用便利贴设计了一系列前卫的晚装。为了制作这种衣服，她把便利贴贴在耐用的塑料上，再用塑料条紧固。维托丽娜创作了11件礼服，还有一件婚纱，以及几顶帽子和一束新娘花束。这些衣服是在3M拉脱维亚分公司赞助的2000年时装秀上展出的。

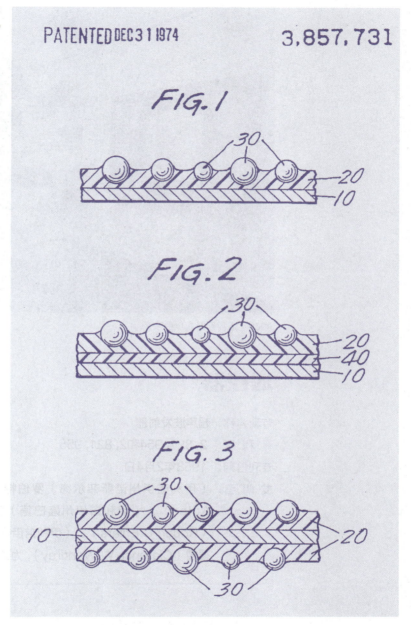

PATENTED DEC 3 1 1974　　　3,857,731

FIG.1

FIG.2

FIG.3

"传统的黏合剂将纸张和其他材料粘接在基材上，虽然有许多所需特点，但也有其自身缺陷。比如，虽然某些此类黏合剂可允许纸张从其所黏附的基材上去除，但它们不允许将纸张重新黏附在基材上。相反地，其他黏合剂可能具有很强的黏性。但是黏性太强，也会导致从纸张撕下时造成破损。"

1960年遥控器商店里的演示

遥控器

专利名称: **超声波发射器**

专 利 号: 2,821,954和2,821,955

专利日期: 1958年2月4日

发 明 者: （伊利诺伊州诺斯菲尔德）罗伯特·阿德勒（Robert Adler）、（伊利诺伊州隆巴德）罗伯特·C.埃勒斯（Robert C.Ehlers）、（伊利诺伊州惠顿）克拉伦斯·旺德雷（Clarence W.Wandrey），为天顶广播公司所有

用途　　这两项专利代表了在1956年推出的被称为"天顶空间司令部"（Zenith Space Command）的创新，也是首个在商业上取得成功的短距离内控制电视信号的无线遥控设备。

背景　　在"天顶空间司令部"之前，该公司制造了"懒骨头"控制器，它通过电缆连接到电视机上。然后，天顶公司推出

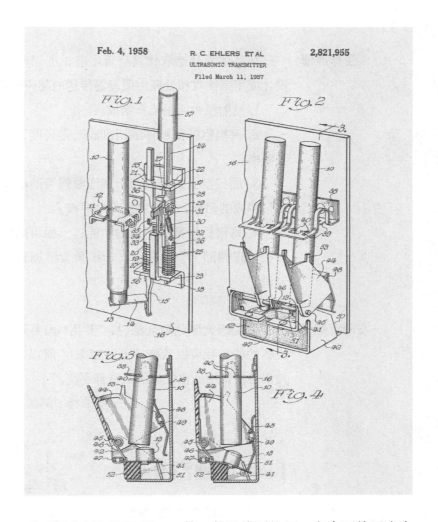

Feb. 4, 1958   R. C. EHLERS ET AL   2,821,955
ULTRASONIC TRANSMITTER
Filed March 11, 1957

了"闪光灯"遥控器——第一款无线遥控器。它上面使用光电池，有很多缺点。不过分地说，"闪光灯"是不稳定的。出生在奥地利的天顶公司研究主管罗伯特·阿德勒（Robert Adler）倡导开发超声波技术来完善遥控器。超声波——一种超出人类听觉范围的声音，在20世纪80年代早期的红外线技术被引入之前，为电视频道换台提供了25年的标准。

在遥控器出现之前，更换电视娱乐节目并不容易。如今，许多生活在特殊优待社团的人无法想象，当时的人们实际上不得不站起来才能换台，而大批电视迷可能也没有意识到自己得感谢罗伯特·阿德勒的发明。虽然阿德勒因各种技术创新获得了100多项专利，但他仍被视为电视行业的遥控器之父。

工作原理　　在晶体管开始取代真空管之前，遥控电视机中的电子管被设计成用来接收和处理由遥控器传送的超声波信号。

1. 发射机由四根铝杆组成。

2. 每根铝杆都被仔细切割成一定长度，以产生特定的超声波频率。

3. 遥控器上的按钮与一端连着弹簧的小锤子相连，锤子可击打相应的铝杆，从而产生高频声波。

4. 每根铝杆都有不同的功能：一根可以打开下一个频道，一根可以调回上一个频道，一根负责增加音量，一根可以调低音量。

发明者的话　　"我想大部分观众都说，'多花100美元？为了省下购买遥控器的钱，我可以从椅子上站起来！'所以（第一批遥控器）在售出电视机中所占的比例一直都不高。"

——罗伯特·阿德勒（Robert Adler）

自动驾驶汽车

专利名称： 自主车辆视觉系统

专 利 号： US 20070291130 A1

专利日期： 2007年12月20日

发 明 者：（意大利帕尔马）阿尔贝托·布罗基（Alberto Broggi）、加里·施密德尔（Gary Schmiedel）和克里斯托弗·K.雅克（Christopher K.Yakes）

用途　　该系统使用传感器和导航软件，使汽车无需任何直接的人工输入就能够在道路和交通中行驶。

背景　　自动驾驶汽车使用的技术有数百项专利，但第一家将自动驾驶汽车用于公共道路上，并通过混合交通路线的机构是人工视觉与智能系统实验室（Artificial Vision and Intelligent Systems Laboratory），简称视觉实验室（VisLab）。第一个对视觉实验室自动驾驶汽车至关重要的美国专利称为"布雷夫"（BRAiVE），它用于摄像机和传感器系统，可以拍摄周围区域的图像，并将该数据转换为控制输入命令，供中央车辆管理计算机使用。2013年7月，布雷夫以自动驾驶方式穿越意大利帕尔马市中心，穿越双行道、红绿灯、人行横道、环形路和其他障碍物。

许多大型汽车和科技公司都拥有与自动驾驶汽车相关的专利，如大众汽车（Volkswagen）公司2000年的一项"自动车辆配置和控制自动驾驶车辆的方法"的专利。然而，视觉实验室的计算机视觉系统或类似的技术，是所有自动驾驶汽车的核心。这家意大利机构拥有来自美国和欧洲专利局的专利，其中包括一项"基于车辆间信息交流的车辆诊断"的美国专利。如该专利所述，自动驾驶汽车共享数据的能力被认为是在整个城市等大范围部署自动驾驶车队的关键。

由发明家和工程师埃隆·马斯克（Elon Musk）拥有的特斯拉公司（Tesla, Inc.）已经开始通过其自动驾驶仪（Autopilot）功能来实现自动驾驶技术。该功能可以将乘客送到GPS定位的位置，而几乎不需要驾驶员输入任何信息。然而，特斯拉没有为其任何自动驾驶技术申请专利，而是选择在公司内部保留与自动驾驶仪相关的研究。截至2016年11月，在121项自动驾驶汽车专利申请中，丰田（Toyota）公司占了54项，成为提交自动驾驶汽车专利申请最多的公司。谷歌（Google）和亚马逊（Amazon）等科技公司也为自动驾驶汽车技术申请了专利，其中包括在2016年12月，谷歌公司发布的一项"自动驾驶汽车取车地点和目的地确定"的专利。

人们普遍预测，自第一代苹果手机（iPhone）问世以来，自动驾驶汽车对日常生活的改变将超过任何技术创新。自动驾驶汽车的支持者认为，一个到处都是自动驾驶汽车的世界将大

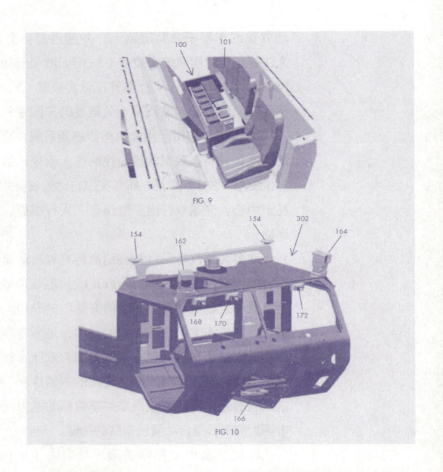

FIG. 9

FIG. 10

大减少交通事故和死亡。共享导航数据的自动驾驶汽车网络有可能消除城市地区的交通问题。特斯拉的自动驾驶仪等技术实现了可以在普通街道上自动驾驶，也可以与驾驶员一起驾驶传统汽车。许多人预测，未来的城市将最终禁止使用传统汽车，转而建立更加无缝、高效、安全的自动驾驶汽车网络。

工作原理　　1. 自动驾驶汽车包含三项主要技术：GPS导航系统、识别道路动态状况的计算机视觉系统，以及将数据转化为汽车运动指令的中央计算机系统。

　　2. GPS系统识别起点和终点，并分析各种可能的路线来选择首选路线。

　　3. 包括雷达、摄像机和激光扫描的各种技术协同工作来收集关于汽车周围变量的信息，如交通信号、行人位置、车道间距、移动障碍物和道路状况。

4. 通常被称为控制器局域网（CAN）总线的计算机系统，运行复杂的算法，将大量的原始数据转换成运动命令，如加速、刹车、转弯，甚至停车。

5. 最终，多辆自动驾驶汽车将能够共享交通和道路数据，从而更有效地在道路上行驶。

发明者的话　　"我们最初开始研究驾驶员辅助系统……我们开发了一些应用程序，比如车道检测、障碍物检测和行人检测，然后我们转向自动驾驶。我们把所有的东西放在一起，尝试是否可以使用所有这些系统来自动驾驶一些车辆。"

——阿尔贝托·布罗基（Alberto Broggi）

太阳能电池板

专利名称： 太阳能利用装置
专 利 号： US 389124 A
专利日期： 1888年9月4日
发 明 者： （新泽西州纽瓦克）爱德华·韦斯顿（Edward Weston）

用途　　这组光伏电池板吸收来自太阳的光子并释放电子，产生电能。

背景　　太阳能电池板的历史可以追溯到19世纪法国物理学家埃德蒙·贝克勒尔（Edmond Becquerel）的实验。贝克勒尔发现，某些材料暴露在光线下会产生很小的电流，这种现象被称为光伏效应。1839年，贝克勒尔发明了世界上第一个光伏电池——将氯化银置于酸性溶液中并与铂电极相连。

1888年，爱德华·韦斯顿（Edward Weston）获得了美国首个太阳能电池专利。它描述了一种"热电元件，其中两个不

E. WESTON.

APPARATUS FOR UTILIZING SOLAR RADIANT ENERGY.

No. 389,124.   Patented Sept. 4, 1888.

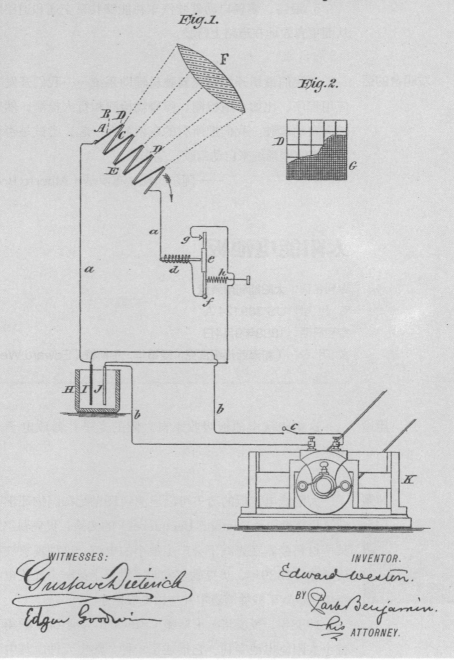

Fig.1.

Fig.2.

WITNESSES:

Gustave Dieterich

Edgar Goodwin

INVENTOR.

Edward Weston

BY Parke Benjamin.

his
ATTORNEY.

同的金属体并排放置，一端相连，另一端彼此绝缘"，当设备暴露在阳光下时，"在电路中产生电流"。韦斯顿甚至描述了一种类似电池的存储系统，以便"在日照时间积累的能量可以在夜间或多云天气期间使用"。即使在今天，储存太阳能供以后使用的问题仍然是太阳能农场广泛实施的最大障碍。

自19世纪以来，光伏电池有了显著改进，主要是在所用的半导体材料方面。今天的太阳能电池板主要是由硅制成的，首先是以晶体形式，最近更多地以薄膜形式，硅可以沉积在非晶硅层中。先锋1号（Vanguard 1）卫星于1958年发射后，太阳能电池得到了广泛的认可——这是第一颗使用太阳能的航天器。

世界上最大的太阳能发电厂——印度的卡姆西（Kamuthi）太阳能发电项目，使用了光伏技术和主要含硅的太阳能电池。这个太阳能发电厂占地约10平方千米，发电能力近650兆瓦。中国目前正在扩建龙羊峡大坝太阳能发电站，预计建成后将成为世界上最大的太阳能发电站。世界各国继续投资太阳能发电厂和基础设施，以取代化石燃料。

工作原理　　1. 在基板上的两个电极片之间沉积一层非晶硅薄膜。

2. 电极片和硅半导体通过穿透层的附加电极连接，形成电路。

3. 处理半导体薄膜，形成带一个正极和一个负极的电场。

4. 阳光照射到太阳能电池上，硅原子释放出电子。

5. 释放的电子被电路捕获为电流，可以用来为另一个设备供电，也可以储存在电池中供以后使用。

6. 多个太阳能电池可以用电连接和安装成光伏模块，该光伏模块又可以连接形成太阳能电池阵列。

发明者的话　　"我建议把来自太阳的辐射能转换成电能，或者通过电能转换成机械能。我可以直接利用所获得的电能，也可以在利用前将其转化为机械能。"

如本广告右上角所示，手术中使用卫生棉条涂抹杀菌剂

卫生棉条

专利名称： 月经用品

专利   号： 1,926,900

专利日期： 1933年9月12日

发 明 者： （科罗拉多州丹佛）厄尔·C.哈斯（Earle C.Haas）

用途　　提供方便、卫生、不易发现的体内吸收经血的方法。

背景　　某种形式的卫生棉条已经使用了很长时间。当古埃及的男人在金字塔和方尖碑的墙壁上刻画象形文字时，他们的女人却巧妙地在体内插入柔软的纸莎草来吸收经血。世界各地的女性都曾使用过各种可用的天然材料来达到这一目的。外用的布垫最终成为流行的首选，这些"卫生巾"在20世纪20年代开始商业化——但它们既不实用也不舒适。

　　与此同时，医生们经常用临时的棉花涂上杀菌剂塞在体腔内止住出血，并在手术过程中吸收血液。事实上，哈斯博士是一位善于观察和综合考虑的医生——他同情妻子对卫生巾的不满并因此发明了第一个带有涂敷器的一次性卫生棉条，与今天使用的非常相似。他用希腊语来称呼月经，并把自己的发明称为"月经"用品，但在为自己的发明注册商标时改变了这一说法。哈斯将"卫生棉条"和"阴道塞"这两个词结合起来，于是有了丹碧丝（Tampax）这个新名词，丹碧丝卫生棉条被投放市场后一直沿用至今。

如下图所示：

1. 细长的卫生棉条（10）中间有一条缝（11）。

2. 拉绳（12）比棉条更长，拉绳的超出部分延伸到棉条外。

3. 棉条在高压下压缩，在使用前形成并保持圆柱形棉芯（13）。

工作原理

1980年，一种名为"瑞莱"（Rely）的高吸水性卫生棉条新产品问世后，"中毒性休克综合征"（TSS）才得以曝光。TSS是由一种常见的细菌——金黄色葡萄球菌引起的。这种细菌的某些菌株可以产生毒素，使血液中毒，引起恶心、发烧、腹泻、精神错乱、皮疹，在某些情况下甚至会导致死亡。人们认为，在体内放置卫生棉条时间过长或使用吸收率较高的棉条，可能会滋生这种罕见的细菌。1981年，瑞莱被下架，但是现在所有卫生棉条产品的包装上都印有警告，建议经常更换棉条和监测可能的不适症状。数十名女性死于中毒性休克综合征，但大多数女性仍愿意承担风险，来使用这种舒适和方便的产品。

Sept. 12, 1933.　　　E. C. HAAS　　　1,926,900
CATAMENIAL DEVICE
Filed Nov. 19, 1931

Inventor
EARLE C. HAAS
By
Attorney

4. 棉芯置于外管（14）中。

5. 另一根内管（15）置于外管内，保护无菌棉芯。

6. 外管上的圆边（16）增加插入时的舒适性。

7. 内管起着柱塞的作用，便于插入，然后将两根导管取出并丢弃。

8. 取出时，拉绳（12）提供了一种将卫生棉条拉出的方法。

发明者的话　　"本发明的主要目的是提供一种吸收衬垫，以及方便地将所述衬垫置入女性阴道的方法。"

"本发明的另一个目的是将用于置入阴道的吸收垫与置入涂敷器组合成一个整体，涂敷器充当吸收垫的容器。这样，吸收垫可以置于涂敷器内，不需要从涂敷器中取出，从而涂敷器可以在使用后丢弃。"

交通信号灯

专利名称：交通信号灯

专 利 号：1,475,024

专利日期：1923年11月20日

发 明 者：（俄亥俄州克利夫兰）加勒特·A.摩根（Garrett A. Morgan）

用途　　在交通繁忙的十字路口悬挂交通标志，有助于维持交通秩序和安全。

背景　　在汽车开始从工厂制造出来开到大街上后不久，交通安全就成了一个大问题。在那之前，马车和自行车相对和谐地共享着道路。一辆汽车和一辆马车相撞促使一位名叫摩根的非裔美国人发明了交通信号灯。

摩根的父亲曾是奴隶，摩根本人出生在肯塔基州，十几岁

1933年，纽约市第五大道上的交通信号灯

摩根还发明了一种防毒面具。1916年7月15日，伊利湖地下隧道发生爆炸后，他用这种面具进行营救，证明十分有效。

时搬到了辛辛那提，后来又搬到了克利夫兰。他的职业是一名缝纫机修理工，享有技术精湛、富有创新精神的美誉。后来，他成为一名成功的商人，十分关注公共安全。

虽然当时使用的并不是现在通用的绿灯、红灯和黄灯，但摩根的交通信号灯确实包括三个独立的指示器：停止、前进和允许行人过马路的全方向停止。最后一个指示器也起到了目前黄色指示灯的作用：提醒司机车流正要发生变化。交通指挥员转动曲柄就很容易地操纵交通信号。

工作原理　　1. 一个坚固的、箱状结构安装在位于交通繁忙的十字路口的支撑杆上。

2. 指示器在交替的面板上有"停止""前进"和"全方向停止"等字样。

3. 面板由手动曲柄操作的枢轴支撑。

4.支撑杆的底部固定在支架上，曲柄把手伸出支架。操作者使用曲柄通过棘轮升起、降低或旋转指示臂。

5. 方向指示臂可通过枢轴支撑并适于垂直移动，以阻止一个方向的交通流动；然后旋转并下降以指示车辆向另一个方向移动的通行权。

6. 通过转动曲柄来旋转顶部的盒子，曲柄与圆形棘轮机构啮合，使得具有交通指令的面板可以交替地面向不同方向。

7. 因此，通过举起指示臂就可以停止一个方向交通的方式来指挥交通，从而使所有车辆都停止；然后旋转指示臂（也旋转顶部的盒子），松开它们以指示另一个方向的车辆通行权。

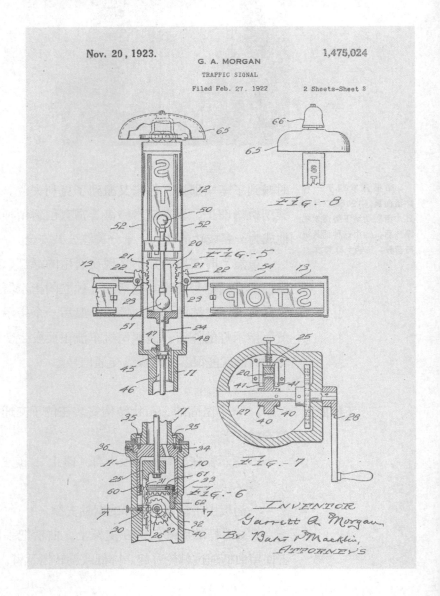

　　"我的发明的目的之一是提供一种可视指示器，它在给任何一个方向发出前进的信号之前，有助于停止其他方向的交通。这是有利的，因为部分穿过交叉路口的车辆就有时间超过那些正在等待横向行驶的车辆；从而避免了事故的发生，这些事故经常是由于等候的司机过于焦虑所造成的，因为一旦发出继续行驶的信号，他们就会立即出发。"

刘易斯·拉蒂默

查尔斯·理查德·德鲁博士，血库的发明者

非裔美国发明家

非裔美国人的创造性贡献经常被忽视。本文列出部分重要人物。

托马斯·L.詹宁斯（Thomas L.Jennings）申请了干洗衣服工艺的专利。凭着他的收入，他能够使自己和家人摆脱奴隶制的束缚。

核物理学家乔治·E.奥尔康（George E.Alcorn）发明了一种成像X射线光谱仪。

托马斯·爱迪生（Thomas Edison）可能因为发明了灯泡而出名，但如果没有刘易斯·拉蒂默（Lewis Latimer），灯泡将更昂贵、效率更低，并且更容易坏掉。他发明了一种制造碳丝的方法。

10岁时辍学后，格兰维尔·T.伍兹（Granville T.Woods）发明了孵化器，并从消防员转行成为工程师。

赫尔蒙·格莱姆斯（Hermon Grimes）发明了折叠翼飞机，二战期间乔治·H.W.布什（George H.W.Bush）曾驾驶过这种飞机。

理查德·B.斯派克（Richard B.Spikes）发明了自动变速器和一种仍然在校车上使用的制动装置。

查尔斯·理查德·德鲁（Charles Richard Drew）博士是第一位在美国外科委员会担任审查员的非洲裔美国外科医生。他提出了血库的概念。

珀西·朱利安（Percy Julian）是一名化学家和发明家，他用大豆制造出革命性的产品，比如一种在二战期间挽救了生命的阻燃剂、流产和癌症的治疗方法，以及以大豆为基础的可的松（cortisone）关节炎治疗方法。

沃克夫人（Madam C.J.Walker）——两个奴隶的女儿，年纪轻轻就失去父母，四处迁移，饱受被虐待和贫困之苦。由于所有这些苦难，她开始脱发。但她心怀梦想，学会了一种配方，可以让她的头发长回来，这不仅对她有用，对她所有的朋友都有用。她意识到没有适合非裔美国女性的美容产品，于是她创立了CJ沃克夫人制造公司。

1908年，一种叫作"电动吸尘器"的早期真空吸尘器

真空吸尘器

专利名称： 地毯清扫和清洁机

专 利 号： 889,823

专利日期： 1908年6月2日

发 明 者： （俄亥俄州坎顿）詹姆斯·M．斯潘格勒（James M.Spangler）

用途　　吸尘器从世界各地的家庭、旅馆和办公室的地毯、家具中吸出污垢、灰尘和碎片，是有史以来发明的最方便的卫生设备之一。

背景　　1907年，一位患有哮喘的百货公司门卫斯潘格勒发明了现代电动真空吸尘器，并建立了电动吸尘器公司。公司的总裁是斯潘格勒产品的一位热心顾客，也是他表妹的丈夫——名叫威廉·胡佛（William Hoover）。胡佛以提出挨家挨户推销的概念而闻名。为了吸引人们对该产品的关注，胡佛在家中进行演示。1922年，他将公司更名为"胡佛"，而斯潘格勒的名字却从公众视野中消失了。

如下图所示：

工作原理

1. 电动机（2）安装在风扇盒体（1）上。

2. 轴（3）从电动机伸入风扇盒体，并在壳内连接到轮毂（3）上。

3. 轮毂牢固地连接到风扇叶片（5）上，叶片安装好后旋转时在盒底产生吸力。

4. 盒体安装在后轮（34）和齿轮筒上，圆形刷（12）盖在齿轮筒上。

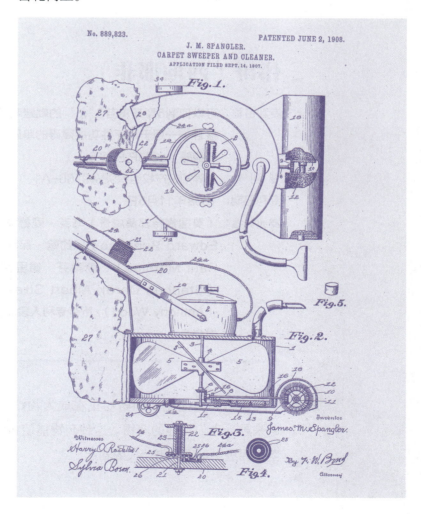

5. 底部的板（13），通过入口开口（14）将碎屑由漏斗送入机器。

6. 然后将灰尘和碎屑通过出口［图1（Fig1）中的28］吹入收集袋（27）。

发明者的话　　"吸尘器由以下若干部件组合而成。机体底部中心设有开口，开口上方连接轴承，垂直轴杆插入轴承，风扇安装在垂直轴杆上；机体底部与中心开口相连的是一个前端逐渐变细的扁平延伸部件，该部件安装在机体外部，并在其底部最宽部分形成细长开口；刷子安装在该部件延伸段靠近细长开口处；该部件与机体连接，带有可以收集灰尘的外箱及旋转刷头。"

伟哥（西地那非）

专利名称：可以抑制5型环鸟苷3',5'的吡唑嘧啶核苷——用于治疗性功能障碍的单磷酸二酯酶（cGMP PDE5）

专 利 号：世界知识产权组织98/49166-A1

专利日期：1998年11月5日

发 明 者：（英国肯特郡桑威奇）马克·爱德华·布纳内奇（Mark Edward Bunnage）、约翰·保罗·马蒂亚斯（John Paul Mathias）、斯蒂芬·德里克·艾伯特·斯锥特（Stephen Derek Albert Street）和安东尼·伍德（Anthony Wood），所有专利人隶属于辉瑞（Pfizer）研发中心

用途　　伟哥和其他类似的药物正在成为治疗勃起功能障碍方面越来越受人们欢迎的药物。这种药物能使血液更充分地流向阴茎，促进更可靠、更持久的勃起。

2003年，箭牌口香糖被授予一项美国专利，用来生产一种能提供枸橼酸西地那非的口香糖。谁知道呢，勃起功能障碍患者很快就有可能通过咀嚼口香糖来改善他们的性生活。

2003年，蓝色对抗黄色。美国国家橄榄球联盟（NFL）成为第一个签署代言协议的职业体育联盟，该协议允许葛兰素史克（GlaxoSmithKline）和拜耳制药公司（Bayer Pharmaceuticals Corporation）推销一款名为艾力达（Levitra）的药物，与伟哥（Viagra）进行竞争。艾力达以黄色小药丸的形式出现，与辉瑞的蓝色小药丸开始竞争。

女性性功能障碍（FSD）是另一个众所周知的问题，伟哥也一直在帮助女性，目前正在开发新产品，专门解决妇女问题。

20世纪50年代，当马斯特斯（Masters）和约翰逊（Johnson）发表了他们对性的革命性研究时，私密话题突然成了公众讨论的主题。这为医学研究打开了一扇大门，这些研究主要关注一般性行为，特别是生殖器官。毫不奇怪的是，围绕着承诺可以提高性满意度的产品的商业市场迅速繁荣起来。

伟哥是制药业巨头辉瑞（Pfizer）公司研究人员的心血结晶，也是该公司多年精心研发的一款产品。它是一种治疗勃起功能障碍（ED）的药物，于1998年首次上市。仅2012年一年，这种蓝色小药丸的处方就超过800万张，为辉瑞公司带来了19.3亿美元的收入。

显然，伟哥是一种赚钱的物品，制造商一直在努力垄断其市场。英国高等法院裁定辉瑞的欧洲专利（涉及使用伟哥活性成分西地那非）无效。这一法律挑战是由礼来公司（Eli Lilly）和国际商品组织（ICOS）公司提出的，这两家公司正在合作开发希力士（Cialis），一种与伟哥竞争的治疗阳痿的药物。其他与之竞争的药物也在研发中，其中一些已经上市。各药企间的竞争紧锣密鼓。2003年10月，辉瑞对葛兰素史克（GlaxoSmithKline）和拜耳制药公司（Bayer Pharmaceuticals Corporation）提起针对产品艾力达（Levitra）营销行为的专利侵权诉讼。

工作原理

伟哥的活性成分西地那非（sildenafil）就像一个交通指挥员，在高峰时段巧妙地开出一个单向开车道。这种化合物能使阴茎的动脉（海绵体）放松和扩张，从而提供更多通道让血液流向阴茎。与此同时，这种药物收缩静脉，抑制血液从阴茎流出。总之，已知西地那非在性接触过程中效果显著。

发明者的话

"药学或兽医学认可的盐的化合物配方（IA）和（IB），或二者药学或兽医学认可的任意一种溶剂：其中R<1>为被C3至C6环烷基取代的C1至C3烷基，以及CONR<5>R<6>或N-链的杂环基团、（CH₂）nHet或（CH₂）nAr；R<2>为C1至C6烷基；R<3>为C1至C4烷氧基选择性取代的C1至C6烷基；R <4>是SO₂NR R<7>R <8>；R<5>和R<6>分别从H和C1至C4烷基中被选择性地以C1至C4烷氧基取代，或与所附的氮原子形成5-或6-元杂环基团；R<7>、R<8>与所附氮原子形成4-R<10>-哌嗪基；R<10>为H或C1至C4烷基选择性以OH、C1至C4烷氧基或CONH₂取代；Het是选择性取代的C-链5-或6-元杂环基团；Ar是选择性取代的苯基，n是0或1，是有效和选择性的cGMP PDE5抑制剂，在治疗男性勃起功能障碍和女性性功能障碍等方面有用。"

第六章

令人愉悦的发明

篮球运动的发明者詹姆斯·奈史密斯
（James Naismith）的雕像

篮球

专利名称：**篮球**

专 利 号：1，718，305

专利日期：1929年6月25日

发 明 者：（纽约市布鲁克林区）乔治·L．皮尔斯（George L.Pierce）

用途　　这种篮球设计精良，统一制作，结实耐用。无论是职业篮球还是业余篮球运动，它都成为现代篮球运动的典型核心。

背景　　现代篮球运动是由加拿大蒙特利尔市麦吉尔大学毕业生詹姆斯·奈史密斯（James Naismith）发明的。他在马萨诸塞州斯普林菲尔德的基督教工人学校担任体育教师。一位严厉的老板给了他命令，要求他在很短的期限内想出一个办法，让一个班吵闹的孩子在即将到来的1891年和1892年的冬天可以上体育课。奈史密斯设计了一套规则和一项运动，这是已知最接近现代篮球运动的前身。

NBA（美国全国篮球协会）标准要求篮筐直径为45.72厘米，篮筐距地面3.048米。球本身必须承受3.40~3.86千克的压力。

当然，与规则同样重要的还有设施：光滑的表面、均匀的篮筐、坚固的篮板和漂亮的篮球。通常情况下，一旦新的休闲运动受到较多关注，公司就会开始发明和制造产品来满足日益增长的需求。这项专利授予乔治·皮尔斯（George Pierce），专利中改进的接缝结构设计是一项长期以来令篮球运动员和球迷高兴不已的发明。皮尔斯是A.G.斯伯丁兄弟公司（A.G.Spalding & Brothers）的转让人。在皮尔斯独特的缝合方式之前，篮球上的皮革面板逐渐变细到极点，带来许多不良表现，比如在球的中间部分放置一个充气阀门，以及整个球体结构不够坚固。皮尔斯通过重塑皮革面板，极大地改进了设计。

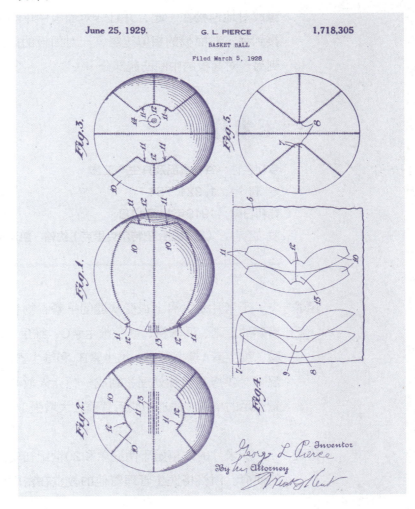

工作原理　1.皮革面板两端被切割成凹入弯曲状且弯曲状角度大。

2.同样的面板在中心也有相应的弯曲凸起。

3.在球两端的凸起部位，一端闭合接缝，另一端放置充气阀。

发明者的话　"需要说明的是，比赛用球，由皮革面板构成。每个皮革面板长度占球周长的大半，它的侧边具有连续弯曲的弧度，而反面则稍短，每一边都有弧度。球的一端中间向外凸起，与其他皮革面板的弯曲侧面配合，凹形弯曲的端部配合另一个皮革面板的中间凸起部分。这些皮革面板沿着上述连续弯曲的侧边缘成对地连接在一起，并且一对面板中单独弯曲的侧面边缘连接到另一对面板的相似边缘，一对面板的凹入弯曲的端部连接到另一对面板的中间凸起部分……"

玉米片

专利名称： 谷物食品及其生产工艺

专 利 号： 1，321，754

专利日期： 1919年11月11日

发 明 者： （密歇根州巴特尔克里克）约翰·凯洛格（John Kellogg）

用途　玉米片是世界上最受欢迎的早餐谷物食品之一。配料包括磨碎的玉米、调味料、铁、维生素C、维生素B_6、维生素B_2、叶酸、维生素A棕榈酸酯、维生素B_{12}和维生素D。所有这些都经过混合、烘烤和切片处理，制成一顿让人放心、口味清淡而又能量充足的早餐（添加牛奶后营养大大增强）。

背景　玉米片的故事始于两兄弟和20世纪初安息日基督复临教会的使命。凯洛格医生管理着他的教堂在密歇根州巴特尔克里克

270

如今，该公司预计年销售额超过130亿美元，并在19个国家生产产品，在150多个国家销售，仍然展示了它早期素食主义的根源。该公司的市场品牌包括凯洛格（Kellogg 's）、基布勒（Keebler）、果酱馅饼（Pop-Tarts）、易格（Eggo）、奇兹（Cheez-It）、纽崔谷物（Nutri-Grain）、脆米花（Rice Krispies）、全麦维（Special K）、卡西（Kashi）和生产各种肉类替代品的晨星农场（Morningstar Farms）。

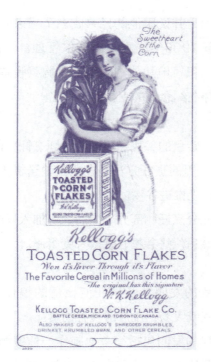

"每天早上最适合你。"

建立的医疗改革疗养院。约翰是一位严厉且受过良好教育的医生，固执地奉行自己的宗教信条，用铁腕统治自己的病人、职员和兄弟。而他的哥哥威尔受教育程度较低，对炼狱之苦也不怎么感兴趣，是附近一名普通的维修工和勤杂工。

威尔还是一名厨师，他的早餐包括谷物、燕麦或玉米等粮食制作的热食。1895年，威尔不小心把谷物留在滚烫的炉子上，次日早上，他的弟弟约翰发现了这种片状食物。他尝了尝，觉得美味可口，就把它制作得精致起来，于是第一份早餐麦片就诞生了。在当时，冷麦片还是新鲜事物，但医生称赞它，作给疗养院的客人吃。他相信这种麦片可以最大限度地减少他的病人自慰的欲望，这可是疗养院里应受惩罚的禁忌。

随着谷物食品开始盈利，凯洛格医生遇到了竞争。他的邻居C.W.波斯特（C. W. Post）也加入了道德净化的狂潮，他在自己的疗养院里推销波斯敦（Postum）饮料包和粒装麦粉（Grape Nuts）。与此同时，凯洛格自己的谷物食品公司出现了亏损，疗养院也在记录财务亏损。1905年，威尔确立了自己的

凯洛格

商业意识，并说服他的兄弟成立了一家生产玉米片的新公司。该公司于1906年成立，由威尔管理。当凯洛格医生外出旅行时，威尔积极地从他的同事那里购买股票，使自己成为公司的总裁，并在纪念他的麦片盒上签名。

工作原理　　1. 一定量的谷物经过一段时间烹饪，使其淀粉糊化。

2. 常用的烹饪方法是在蒸汽输送机上进行，通过加压蒸汽在输送机上推进谷物。

3. 充分烹饪和部分干燥后，可加入调味料。

4. 然后烘烤谷物，使薄片变酥脆。

发明者的话　　"我的发明涉及用任何合适的粮食，如玉米、大米、燕麦、小麦或大麦，生产即食谷物食品。"

"我的发明包括简单地制作一种谷物食品，以及以不同的碎末、薄片或颗粒的形式制作这种食品的过程……"

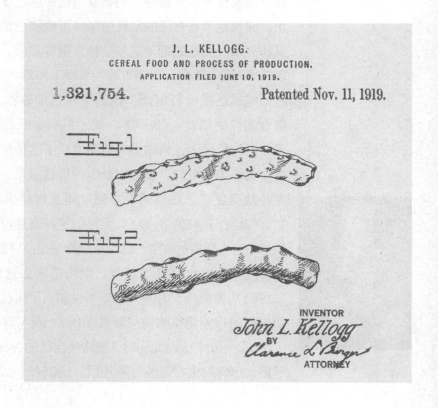

第一家汽车电影院，位于新泽西州卡姆登市

汽车电影院

专利名称： 汽车影院
专 利 号： 1，909，537
专利日期： 1933年5月16日
发 明 者：（新泽西州里弗顿）小理查德·霍林斯海德（Richard
Hollingshead，Jr.）

用途　　提供了一种新颖的户外娱乐方式，将电影放映在一个大的
露天屏幕上，并配有个人收听设备，这样人们坐在车里就可以
观看和收听电影。

背景　　霍林斯海德年轻时在父亲的店里售卖汽车零部件。他开始
尝试自己的一个小想法，将一台1928年的柯达（Kodak）投影
仪对准了两棵树之间的一张纸，并在纸后面放置了一台收音机
播放声音。为了看得更清楚，他甚至垫上木块把汽车的前端抬
高。最终，霍林斯海德将他的想法改善成精致的视觉效果，甚
至还包括一种让昆虫远离电影放映机的方法。

第二个汽车电影院是宾夕法尼亚州奥雷菲尔德的尚克韦勒汽车电影院，是在霍林斯海德电影院之后的一年，即1934年开业的。它现在是最古老的持续经营的汽车电影院。

最大容量的汽车电影院是纽约州科皮古（Copiague）的全天候汽车电影院，占地170亩，可停放2,500辆汽车。它包括一个可容纳1,200人的大型室内观景区。

他将自己的发明概述为："一种新颖的户外剧院建筑，由此进出剧院的交通工具成为剧院座位设施的一部分。"

换句话说，观众是坐在带他们来剧院的车里的！

美国在这方面——汽车电影院，结合了人们对汽车的热爱和对娱乐的永不满足的需求。它也帮助启动了许多荧幕外的青少年恋情。

1933年6月6日，在获得专利不到一个月的时间里，霍林斯海德在新泽西州的卡姆登开设了第一家汽车电影院，放映的是《妻子，当心》。这个影院能容纳400辆汽车。门票是每人25美分，另加一辆汽车25美分——按这个价格，一次约会的费用可能只有75美分。随后的创新包括车内音响系统，提高汽车电影院的知名度。到1958年，也就是在这位发明家开设第一家影院25年后，4,000多家汽车电影院遍布美国和加拿大。

然而，到了20世纪80年代，家庭娱乐系统的便利和大型室内多功能影院的发展，使汽车电影院的魅力黯然失色。城市化使得汽车电影院占用的土地比它们提供的服务更有价值，业主迫于压力将其卖给开发商。到1990年，仅存约900家汽车电影院。尽管人们对复兴它们有兴趣，但汽车电影院已主要成为怀旧的东西，成为一个过去时代的文化象征。

工作原理

1. 天黑后，顾客开车进入一个大型户外停车场的预定位置，稍微倾斜，面向屏幕。

2. 电影放映机将图像投射到屏幕上。

3. 中央扩音器为临时连接到每辆汽车上的各个扬声器提供音频信号，或者让中央扬声器传播的声音范围很广。

4. 顾客在车内观看和聆听。

发明者的话

发明人在其专利申请中提出了20项具体说明，其中后面19项是对第1项的修改："一种室外剧场，包括舞台、交替排列的汽车车道和布置在舞台前面的垂直倾斜的汽车停车道，所述停车道适于容纳彼此相邻停放并面向舞台的汽车，停车道相对于

舞台成一个垂直角度，这样将从汽车座椅通过挡风玻璃到舞台
能产生一个清晰的视角，而不会受到前面汽车的遮挡。"

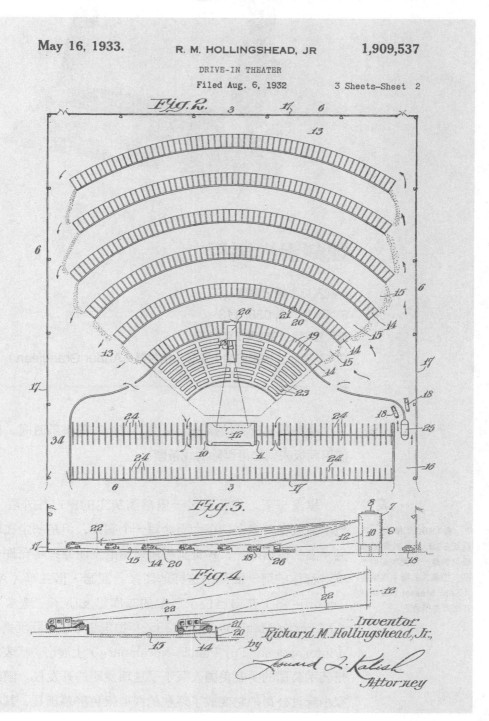

May 16, 1933.　　R. M. HOLLINGSHEAD, JR　　1,909,537
DRIVE-IN THEATER
Filed Aug. 6, 1932　　3 Sheets—Sheet 2

蚀刻素描画板

专利名称： 描记装置

专 利 号： 3, 055, 113

专利日期： 1959年7月23日

发 明 者： （法国巴黎）亚瑟·格兰琴（Arthur Grandjean）

用途
　　这种益智玩具给孩子们提供了数小时的娱乐时间，让他们使用画板来创建可擦除的线条画。

背景

自1960年推出，其后近60年，蚀刻素描画板仍然是一种受欢迎的产品。加拿大的斯平玛斯特（Spin Master）公司现在生产并销售它。

　　想象一下，你正透过一扇落满灰尘的窗户往外看。你想把手指放在灰尘上，在上面涂写一个图案，但是灰尘在玻璃的另一面。根据设计，神奇画板所采用的发明原理将允许你从玻璃对着你的那一面画出这样的图案。亚瑟·格兰琴（Arthur Grandjean）在自己位于巴黎的车库里发明了"魔术屏幕"（L'Écran Magique），并在1959年德国纽伦堡国际玩具博览会（International Toy Fair in Nuremberg）上展出。代表俄亥俄州艺术公司的两名美国人买下了这项发明的开发权。随后，这家小玩具公司把它变成了现在的经典银色屏幕玩具，其框架由红色塑料制成，还有两个白色表盘。

工作原理　　一种黏附材料，如铝粉，附着在屏幕表面的底面。屏幕下方是一种触控笔，可以通过框架底部的两个旋钮来移动，从而将黏附的粉末移到一边，在屏幕下方创建图案。一个旋钮控制笔的垂直移动，另一个则控制水平移动。同时转动两个旋钮可以产生对角线，这需要一定的技巧和协调才能达到预期的效果。要想擦除图案的话，只需摇动整个屏幕，铝粉就会落回原位，如下图所示：

1. 在专利图示中，可移动的触控笔（10）直接接触玻璃表面。

2. 该触控笔可沿两根杆（11）（12）移动，两根杆相互成直角排列，并通过两根缆线系统（13）（14）可以向正交方向移动。

3. 转动旋钮（17）（18）会引起缆线的运动，而缆线的运动又会引起触控笔所连接的杆的运动。

4. 触控笔从屏幕上划过一行铝粉，形成一条可见的线。

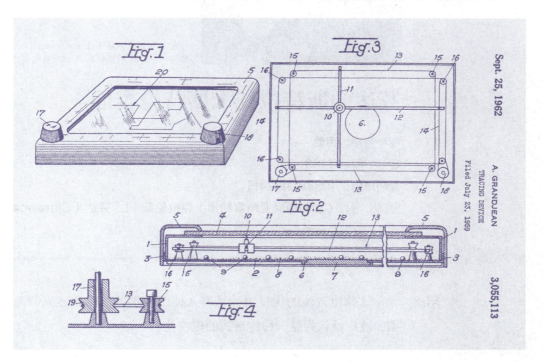

　　　"这种装置有多种广告用途，比如，用于运动图像、玩具、测试手段。它主要由一个密闭的外壳构成，该外壳的上部由玻璃或类似材料制成一个半透明表面，当外壳倒置时，该表面就变得不透明。外壳填充部分粉状金属或其他材料，用于黏附到所述半透明表面上，并在其内部装有可移动的描记笔。该笔与半透明的内表面摩擦，使内表面吸附粉状材料，这样，从外表面就能看见描绘的线条。将外壳倒置并摇晃，即可消除之前所描绘的线条。"

吉米·亨德里克斯（Jimi Hendrix）
弹奏一把芬达的斯特拉托卡斯特电吉他

芬达的斯特拉托卡斯特电吉他

专利名称：吉他

专 利 号：D169,062

专利日期：1953年3月24日

发 明 者：（加利福尼亚州富勒顿）克拉伦斯·L.芬达（Clarence L.Fender）

用途　　　这款电吉他的优良设计具有人体工程学的应用和迷人的造型，被广泛认为是一种传奇式的电吉他。

背景

吉米·亨德里克斯（Jimi Hendrix）不断收购新的斯特拉托卡斯特电吉他，想必是利奥·芬达最忠实的客户之一。这位左撇子音乐家在他激动人心的表演中会焚烧、摔碎手中的吉他，并以此闻名。

其他使用该吉他的明星包括：

· 迪克·戴尔（Dick Dale）

· 巴迪·霍利（Buddy Holly）

· 史蒂夫·雷·沃恩（Stevie Ray Vaughn）

· 埃里克·克拉普顿（Eric Clapton）

· "伪装者"乐队（the Pretenders）的克丽丝·海恩德（Chrissie Hynde）

直到20世纪80年代，斯特拉托卡斯特电吉他的设计都没有改变，即使在当时，也基本没有大的变化。

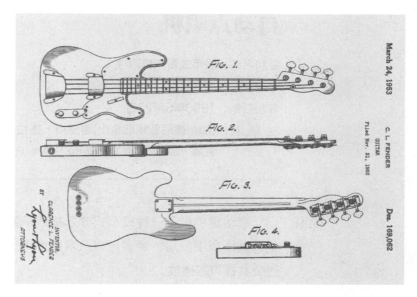

电吉他不像原声吉他那样依靠空心体共振，电吉他是实心体，依靠电磁拾音器和放大器来产生独特而有力的声音。芬达本人虽然不是一名演奏者，但是一名电吉他迷，对电吉他的工作原理有着深刻的理解。由于旧世界（指欧洲、亚洲和非洲）对工艺的重视，芬达制作的吉他成了杰作。由于他的新世界商业意识，他有时被称为电吉他界的亨利·福特（Henry Ford）——他经常根据某位音乐家的需要更新自己的设计。他的模型是基于各种不同的吉他设计，有时髦的名字，如播音员、电视主持人，最著名的是斯特拉托卡斯特（Stratocaster）电吉他。

斯特拉托卡斯特电吉他具有诱人的人体工程学设计，含有其他电吉他所缺乏的部件。一个螺栓式琴颈使得制作速度加快，如果琴颈发生翘曲，也不需要丢弃整个乐器。三个电磁拾音器被巧妙地放置，将低音、中音和高音位置的振动转换成电信号。拾音器的盖子有助于消除不需要的反馈噪音，高音变得更容易演奏。芬达的斯特拉托卡斯特电吉他被认为可产生一种独特的声音，有助于推出迷幻和冲浪摇滚风格。事实上，它是冲浪电吉他大师迪克·戴尔（Dick Dale）和左撇子摇滚名家吉米·亨德里克斯（Jimi Hendrix）的首选乐器。

工作原理
1. 琴身通常是由坚硬的木材制成，如枫木。
2. 使用明亮的汽车漆，达到令人愉悦的效果。
3. 结构中增加了电子元件。
4. 装上琴弦调音。
5. 琴身插入放大器。
6. 这样，音乐家就可以弹上完美的吉他了。

发明者的话
"众所周知，我是美国公民克拉伦斯·L. 芬达，居住在加利福尼亚州奥兰治县的富勒顿，发明了一种新的、原创的、装饰性的吉他。以下是其说明书，其中部分参见附图。"

"（第279页）图1（FIG1）是体现我新设计的吉他的俯视图，图2（FIG2）是其侧面视图，图3（FIG3）是其底面视图，图4（FIG4）是其尾端视图。我声明：吉他的外观设计，如图所示。"

自动点唱机

专利名称： 投币式留声机附件
专 利 号： 428,750
专利日期： 1890年5月27日
发 明 者： (加利福尼亚州旧金山)路易斯·格拉斯（Louis Glass）和威廉·S.阿诺德（William S.Arnold）

用途　　自动点唱机是一种投币式音乐播放机器，通常在餐馆或其他公共场所中使用。顾客可以从歌曲库中选择单首歌曲，并通过公共扬声器播放。

1890年，孩子们在堪萨斯州的萨利纳聆听早期的自动点唱机

背景　　1889年11月23日，路易斯·格拉斯（Louis Glass）和威廉·S. 阿诺德（William S. Arnold）在旧金山皇家宫殿酒店安装并展示了一台投币式留声机，开创了一种文化现象。它与我们今天所说的自动点唱机相比，区别很大，也安静得多：这种投币式机器只有一个选项，最多4个人可以通过"听音管"同时收听。扩音技术当时还没有发明出来。

人们随着音乐摇摆的时代还远未到来。这种机器出现在收音机问世的几十年前，即爱迪生发明留声机仅仅12年之后。而留声机直到它被发明出来几十年后，才成为家庭的常规设备。新颖的投币式点唱机此时出现，时机十分有利，因而大受欢迎。顾客喜欢音乐，经营者也有了额外的收入，一个新兴的音乐录制行业无意中发现了一种最早的流行歌曲营销方式。

随着扩音器取代了收听声音用的耳管，以及歌曲容量的增加，别致的设计增加了自动点唱机的时尚感。自动点唱机兼具录音机、自动售货机和家具的部分功能，成为夜生活文化中极具价值和吸引力的组成部分。尽管自动点唱机已经经历了无数次的变化，但在公共场合用投币的方式听一首好曲子的理念一直很受欢迎。

工作原理

《时代》杂志于1939年首次出现了"自动点唱机"（"Juke Box"）一词，该词改编自南方口语"jook"，意为"跳舞"。

早期的自动点唱机是旋转盘片型，今天的模型以光盘（CD）为特色。

1. 使留声机交替地运行和停止的机械装置包括一个压在听音管上的滑动件。

2. 摇臂轴由两个臂组成，一个臂对滑动件施加压力，另一个臂伸入投币槽。

3. 硬币被放入投币槽，击中了摇臂轴的一个臂。

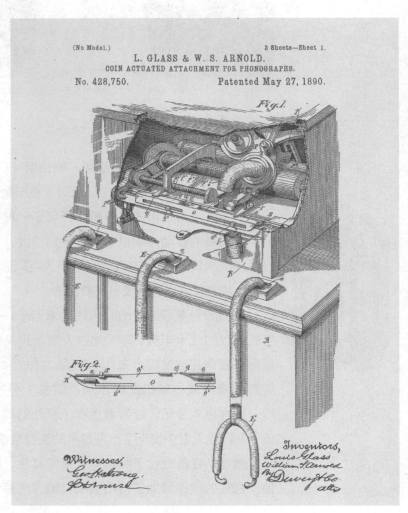

4. 另一个臂从滑动件上挪开，录音可以通过收听管听到。

发明者的话　　　"一般来说，我们的发明涉及一类被设计成投币式操作的装置，尤其涉及该类装置与留声机相结合的操作。

　　　"我们的发明包括下文详细描述的新颖结构和组合，并在说明中具体指出。

　　　"我们发明的目的是提供一种合适的装置，通过这种装置，任何人只要投入一枚合适的硬币，就可以在留声机上来播放和收听音乐。"

桃子

专 利 名 称：桃子
专　利　号：PP15
专 利 日 期：1932年4月5日
发　明　者：（加利福尼亚州）路德·伯班克（Luther Burbank）

用途　　　桃子，属于蔷薇科（玫瑰也属于该科），美味可口。桃子的甜美与其同科的玫瑰的美丽一样出名。这种水果最早在中国种植。

背景　　　谁不爱桃子呢？谁又不爱李子呢？就此而言，还有谁不爱土豆呢？对于这些，还有其他的健康食品，我们要感谢1849年出生的路德·伯班克（Luther Burbank）。显然，伯班克并没有"发明"大自然母亲的这些成果，但他确实开创了园艺领域——培育植物生命的科学——为世界各地的农民带来了许多可食用的品种，创造了一年四季都可行的市场。他通过将各种植物的幼苗嫁接到其他发育完全的植物上进行试验，以此经常获得优良的杂交品种。他一人就创造了800多种植物品种。

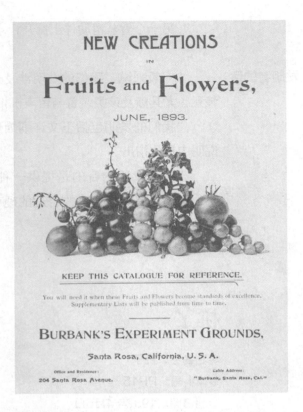

伯班克帮助爱尔兰从黑腐病灾难中恢复过来。黑腐病摧毁了爱尔兰的马铃薯作物，并导致了大规模的饥荒。他开发了一种新的马铃薯品种，以低廉的价格将这种先驱品种的种子出售给爱达荷州的马铃薯农户。所得的收入使他得以从马萨诸塞州搬到加利福尼亚州，在那里他继续从事园艺工作——但他一生中没有获得任何专利，因为当时还没有植物品种获得过专利。

在培育出许多水果、蔬菜和其他植物的新品种之后，伯班克于1926年去世，距植物专利法案的颁布仅仅间隔4年。伯班克死后获得了多项专利，包括这一专利。这项旨在为农民和园艺家提供经济激励的植物专利法案本身已经取得了很多成果，正如爱迪生在支持新法案的陈词中所预言的那样："我确信，这项（法案）将给我们带来许多伯班克。"

工作原理　　伯班克培育的桃树比同龄桃树的其他品种都要大。它的枝条粗壮，在结果前小枝上有中到大级别的休眠花芽。

April 5, 1932.

L. BURBANK
PEACH
Filed Dec. 23, 1930

Plant Pat. 15

By Rolbo Cobb
ATTORNEYS

F.W.BURBANK
Executive of
LUTHER BURBANK,Dressed

发明者的话

路德·伯班克是园艺之父，培育出优良的杂交品种

"这种新品种的桃子是多年试验的结果，这些试验有一个明确的目标，那就是生产出一种令人满意的黄色离核桃。它在已知品种六月埃尔伯塔桃（June Elberta）和早期埃尔伯塔桃（Early Elberta）成熟期的中间时段成熟。它和黑尔桃（Hale peach）相似，只是它有一个大核。它的果汁和种子与缪尔桃（Muir）类似，但果实的颜色更为金黄。它有比威廉特桃（Valient）更强壮的果树，不会像最后命名的品种一样受桃子卷曲和疾病（不完全是细菌）的影响。这个新品种的果实很大，平均重约227克。金黄色和褐红色的阴影被灰色的短柔毛修饰，使果实的个头显得更大。虽然它的果皮薄而嫩，但检验证明它十分出色。再加上它硕大的尺寸、令人印象深刻的颜色、优良的品质和易于分离的果核，这些使它成为一个具有杰出商业价值的品种。当它被切成两半的时候，令人愉悦的改良过的杏黄色果肉就会显露出来，果核附近带有桃红色。"

1878年，爱迪生和他发明的留声机

留声机

专利名称：留声机或发声机的改进
专 利 号：200, 521
专利日期：1878年2月19日
发 明 者：（新泽西州门洛帕克）托马斯·A. 爱迪生（Thomas A.Edison）

用途　　爱迪生发明的留声机是第一台录制和回放声音的机器，使用原理与电话相似，具有扩音装置。它最终被改进成仅播放专业录制在黑胶唱片上的声音。

背景　　留声机是一种把唱针放在磁盘凹槽上来播放声音的机器，是爱迪生最伟大的发明之一。它的问世使爱迪生的国际声誉空前大增，同时也一手促成了唱片业的诞生。爱迪生的专利不仅代表了黑胶唱片和唱机的前身，还展示了录音机的类似功能。这项发明可以记录和转录声音。它开始于爱迪生在1877年进行一些实验时的意外收获。这些实验主要用来改进他的电话和用来传输声音的振膜。一种发明的本能引发了另一种发明的本能，爱迪生用唱针和锡箔圆筒重现了自己事先录制的《玛丽有只小羊羔》的声音，由此人们不禁想象他当时的喜悦和满意。

如下图所示：

录音

1. 圆柱（A）具有从一端切到另一端的螺旋凹槽。（爱迪生做出的预估是，每2.54厘米有10个凹槽。）

2. 要压凹的材料（爱迪生发明的锡箔纸）放在圆柱上，并固定在轴（X）上。

3. 轴的一端刻有一条螺纹，每2.54厘米大约10条螺纹。

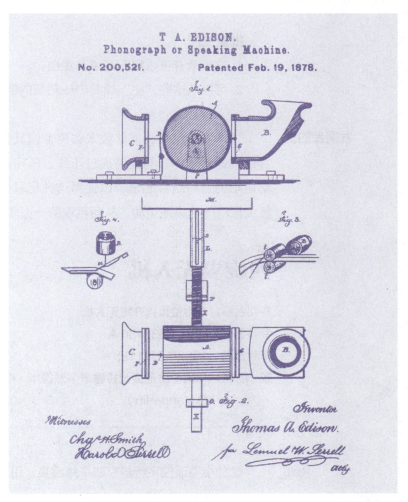

4. 支柱轴承（P）上也刻有一条螺纹。

5. 管（L）可以安装在轴上，通过发条或其他动力源（M）旋转。

6. 发音管（B）包含一个膜片，膜片的中心固定在一个凹痕点。

7. 当机器启动时，材料通过支柱轴承和凹痕点之间，记录凹痕处的振动。

播放

1. 当声音被压印后，可以通过听音管（C）再现。

2. 就像发音管一样，听音管也包含一个膜片，但没有凹痕点，而是在它的中心连接了一个带有固定点的轻弹簧。

3. 当圆柱旋转时，弹簧的运动与凹痕相对应，从而复制声音。

批量生产

1. 这段录音可以用石膏模具定型。

2. 可以从这些"主"模具中压制新的箔片。

发明者的话　　　"本发明包括将能够被人类声音或其他声音振动的板、膜片或其他柔性体，与能够通过压纹、压印或改变来记录这种振动运动的材料结合起来，以使得这种记录标记足以使第二振动板或振动体相应地运动，从而再现第一振动体的运动。"

四旋翼无人机

专利名称： 全方位垂直升降无人机

专 利 号： US3, 053, 480 A

专利日期： 1962年9月11日

发 明 者： （宾夕法尼亚州拉德诺）爱德华·G. 范德利普（Edward G.Vanderlip）

用途　　　这种小型遥控飞行器有四个螺旋桨，用于娱乐或商业用途。

背景　　无人机（UAV）采用多种外观和类型，大多数遥控飞行器是由美国军方开发的。然而，军方主要使用固定翼无人机，而大多数民用和商用无人机被称为"四旋翼飞行器"。这些小型直升机式飞行器有四个螺旋桨分布在机身周围，以使飞行器升空。一些型号使用相同的基本设计，配备更多的螺旋桨，但四个螺旋桨的最常见，我们认为普通民用无人机的最早专利也有四个螺旋桨。

　　皮亚塞奇飞机公司（Piasecki Aircraft Corporation）是发明家爱德华·G. 范德利普工作过的公司，在1962年开发范德利普的"全方位垂直升降无人机"之前，该公司制造了许多常规直升机。距此9年前，范德利普还获得了另一项"直升机自动控制"的专利，该专利涵盖了飞机仪表和控制系统在发动机故障时仍能正常工作的部件设计。[当直升机引擎出现故障时，飞行员仍然可以使用一种名为"自旋"（autorotation）的技术着陆。] 第一架四旋翼无人机的研发目的与之类似，尽管是为了让飞行变得更容易的远程操控。

　　这种"在水平倾斜轴的两端成对布置的四个升降旋翼的直升机式无人机"，其设计旨在使飞行"极其简单"。四旋翼无人机实现这一目标的方法是，保持垂直轴指向上方，同时倾斜四个旋翼向任意方向飞行，而不改变飞机的方向。这种配置使得转弯飞行不需要倾斜，无人机的电子和控制系统有一个始终水平的平台（这对于如今许多无人机上安装的摄像头来说非常方便）。事实上，四旋翼飞行器的飞行已经变得如此简单，孩子们可以很容易地学会用遥控器驾驶它们，民用也已经变得如此普遍，美国交通部和美国联邦航空管理局必须为小型无人机系统制定一套新的法规。

工作原理　　1. 小型遥控飞行器使用四个旋翼，利用垂直升降（VTOL）能力实现升空和飞行。

2. 飞行器被设计成不断保持垂直轴向上，指向天空。

3. 旋翼在这个轴上倾斜，使飞行器可以在不改变自身方向的情况下向任意方向飞行，非常容易转弯和控制。

4. 可以结合各种类型的设备和飞行系统，如摄像机、运动传感器和自动飞行控制。

发明者的话　　"本发明涉及一种直升机式无人机的构造和控制装置，无论朝什么方向飞行，可以使它的垂直轴始终指向天空，机身方向恒定不变。在此情况下，飞行控制非常简单，转弯时不需要倾斜，并且为仪器、机械和电气设备等提供了一个恒定的水平平台。另外，所有的控制装置和操纵设备都大大简化了。"

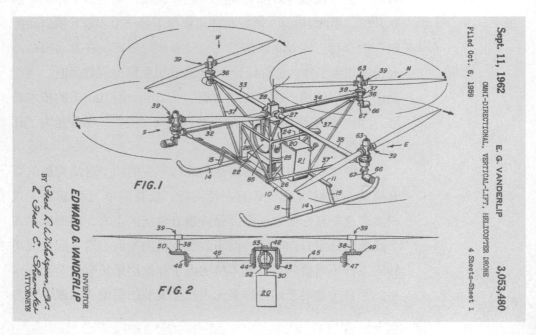

无线电广播

专利名称： 发送信号系统
专 利 号： 725,605
专利日期： 1903年4月14日
发 明 者： （纽约州纽约市）尼古拉·特斯拉（Nikola Tesla）

用途　　这种无线电广播通过无线电波播送不同的电脉冲，无线电波可以将声音传送到远处，当调谐到一定频率时就能听到。

背景　　尼古拉·特斯拉（Nikola Tesla）在各种基于电力的创新方面与他的前雇主托马斯·爱迪生不相上下。他利用自己发明的马达和尼亚加拉瀑布的能量，成功地展示了水力发电。他还发明了一种高频"特斯拉线圈"（Tesla coil），至今仍在广播和电视传输设备中使用。然而，尽管特斯拉是一位杰出的发明家，但他从未富有过。

　　他的发明经常被剥夺了他应得的荣誉。无线电通信就是这样一个例子，表明爱迪生并不是特斯拉唯一的竞争对手。1895年，意大利发明家古列尔莫·马可尼（Guglielmo Marconi）在旧金山演示了无线电语音广播，报纸称赞这种现象是一项新发明，却没有注意到特斯拉两年前曾在费城演示过无线电通信。今天，马可尼仍然被认为是无线电广播的发明者。但特斯拉的工作不言自明：如果没有特斯拉的强大智慧，无线电广播及我们今天使用的许多其他技术背后的原理是不可能实现的。

不管有没有获得功劳，特斯拉都在继续试验和改进早期的

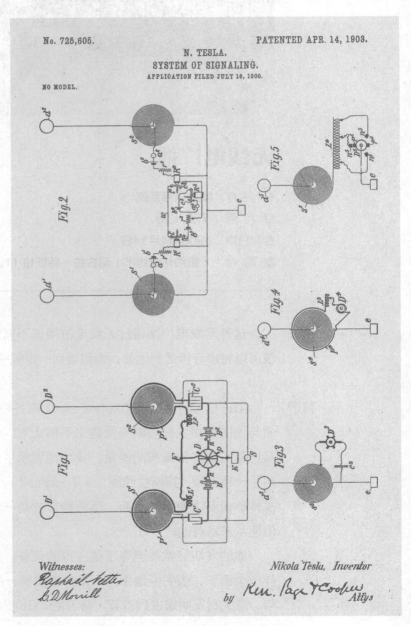

发明。特斯拉早先获得的一项电能传输系统专利的基本原理是这项专利的重点。

如第292页图所示：

工作原理

1. 在图1（Fig1）中，两个螺旋型缠绕的导电线圈（S^1）（S^2）的内端连接到高架端子（D^1）（D^2）。

2. 它们的外端连接到一个接地板（E）。

3. 这两个系统通过初级线圈（P^1）（P^2）通电，可能引起它们的电振荡，并通过电感（L^1）（L^2）进行调节。

4. 两个独立的初级电路将振动发送到接地板，并传播一段距离，到达与发送站调谐一致的由类似电路形成的接收站。

发明者的话

"概括地说，本发明包括用于产生和发射两种、多种、多类型的干扰或脉冲的装置的组合。这些干扰或脉冲对接收电路和远程接收器的影响不同，而远程接收器包括两种或多种不同电气特性或分别调谐的电路，以便对不同类型或类别的脉冲做出响应，并且接收器取决于两种或多种电路，或由其控制或操作的几种装置的联合或合成作用。"

发明家简介

尼古拉·特斯拉
（1856—1943）

尼古拉·特斯拉（Nikola Tesla）

尼古拉·特斯拉出生于克罗地亚，父亲是塞尔维亚东正教牧师，母亲没有受过教育，但非常聪明。特斯拉在电气工程领域最大的贡献是发现了旋转磁场，它是几乎所有交流电机的基础。

特斯拉在奥地利和捷克布拉格等地的大学接受教育。在研究格拉姆发电机（一种直流电发电机，反转后可变成电动机）时，他萌生了用交流电进行实验的想法。1882年，特斯拉去巴黎的大陆爱迪生公司工作。1883年，特斯拉在法国斯特拉斯堡任职时，制造了他的第一台感应电动机——是交流电动机中最常见的一种。这是第一台多相交流电动机——这意味着电动机中的线圈的排列方式可使失步电流给磁场提供能量，使磁场以预定的速度旋转。这一发现为直流电的实用替代品铺平了道路。交流电很重要，因为它可以更容易地修改，以适应各种情况。

尽管特斯拉的思维方式高度技术性，但他也是一个梦想家，在不工作的时候经常写诗。正如他的本性，特斯拉在1884年带着几首诗和区区4美分出发前往美国。到达美国后，特斯拉在爱迪生的指导下工作了一段时间，但爱迪生是直流电技术的坚定支持者，对这位年轻工程师的工作兴趣不大。仅仅1年之后，特斯拉就沮丧地辞职了。

1887年，特斯拉在纽约市创立了特斯拉电气公司。在那里，他试验了各种各样的技术，包括阴影图片，这对1895年威廉·伦琴（Wilhelm Rontgen）发明X射线是一种预示。1888年，特斯拉把他的一套交流发明装置——交流电动机、变压器及其配套设备卖给了乔治·威斯汀豪斯（George Westinghouse，西屋电气公司创始人）。1893年，西屋电气公司用特斯拉的系统照亮了在芝加哥举办的哥伦比亚世界博览会。1893年，特斯拉的发动机被用于尼亚加拉瀑布电力项目。特斯拉不起眼的交流电动机利用瀑布的巨大能量，为35.4千米外的布法罗市（Buffalo）供电，预示着现代电力新时代的到来。

特斯拉的其他发明包括1891年的特斯拉线圈，这是一种高频线圈，至今仍在无线电和电视传输设备中使用。他还尝试了遥控和雷达，并开发了荧光灯。事实上，特斯拉一生中获得了100多项专利，但他死时几乎一贫如洗，独自在著名的纽约客酒店（New Yorker hotel）的房间里辞世。不过，他的遗产依然被保存。1975年，他被列入美国发明家名人堂。

过山车

专利名称： 滚轮滑行结构
专　利　号： 310,966
专利日期： 1885年1月20日
发　明　者： （伊利诺伊州南芝加哥）拉·马库斯·汤普森（La Marcus A.Thompson）

用途　　这种惊险的旅程有许多不同的形式，乘客乘坐类似火车的各个小车厢，沿着轨道行驶，越过陡降的下坡，绕过险峻的弯道，既带来了惊吓，也带来了快乐。

1884年6月，当代首个商业过山车——重力游乐折返铁路在纽约康尼岛向公众开放。乘坐一次的费用是每人五美分，而且最快的速度竟达到每小时9.66千米。它包括一个供乘客使用的平台，其中包括一个售票处，以及钉在木板上的扁钢轨道，整个轨道由支架在不同高度悬空支撑。与许多创新一样，"滚轮滑行结构"代表了当时不断发展的概念的结合。在其他地方，其他人也在设计类似的游乐设施，包括滑船滑道和倾斜的铁路，因大型游乐园的新奇之处而迅速成为一个产业。

据报道，汤普森是一名传教士，他最初建造这座游乐设施的目的是转移人们对康尼岛啤酒花园的注意力。他也许是个传教士，但很快就成了企业家。在自己的发明获得快速成功后，汤普森继续建造了几十个不同设计的过山车。20世纪初，他聘请了一位名叫约翰·米勒（John Miller）的总工程师，开始设计自己的游乐设施。米勒拥有100多项过山车发明专利，如今被认为是现代过山车之父。在20世纪20年代，过山车风靡一时，但在经济大萧条之后，这个行业遭受了巨大的损失。在接下来的40年里，拆除的过山车比建造的要多得多。直到最近，随着"大冒险"（Great Adventure）连锁等超级公园的兴起，过山车建设竞赛才再次升温，因为工程师和设计师都在努力创造迄今为止最大、最陡、最快、最惊险的过山车。

1895年建造的康尼岛（Coney Island）翻盖过山车，是世界上第一架有环形结构的过山车

如下图所示：

工作原理　　1. 平行双轨道结构（B）（B^1）由支架系统（C）支撑，包括位于轨道其余部分上方相同高度的两端。

　　2. 从出发轨道的起点（D）开始，过山车在下降到另一端时获得足够的动量。

　　3. 在这里，过山车通过切换轨道机构（E）被转移到返回轨道（B^1），类似地移动回到起点。

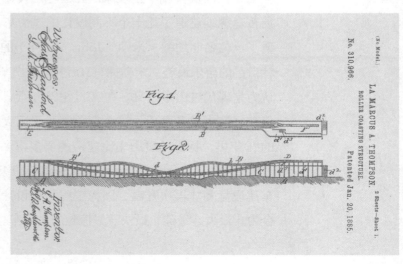

　　　"这种结构和布置提供了一种非常愉快的娱乐和游乐方式，这种感觉类似于在雪地上滑行；不同之处在于，运输工具依靠轮子运行，乘客无需再次上山即可被送回起点，继续乘坐一次。"

1880年，华盛顿特区的轮滑溜冰场

轮滑鞋

专利名称：轮滑鞋
专 利 号：906,281
专利日期：1908年12月8日
发 明 者：（马萨诸塞州波士顿）詹姆斯·伦纳德·普林顿（James Leonard Plimpton）

用途　　这款四轮轮滑鞋最初是在1863年制造的，它比以溜冰鞋为模型的直排轮滑鞋更能增加轮滑运动员的机动性。虽然轮滑起初只是贵族的消遣，但后来成为一种普遍流行的娱乐活动。

　　　最初，轮滑鞋更像今天的直排轮溜冰鞋，大致复制了溜冰鞋的冰刀。玛丽·贝丽斯（Mary Bellis）多年来一直在撰写有关发明家的文章。她说，1818年，德国芭蕾舞剧《艺术家》或称为《冬天的乐趣》（*Der Maler oder die Wintervergnügen*）用轮滑鞋模仿滑冰。第二年，一种有直排轮的轮滑鞋在法国获得了专利。

　　　1863年，普林顿改变了"直排"设计，发明了一种摇摆式轮滑鞋，他把两对轮子并排装在一起，使轮滑者更容易操纵。轮滑运动员可以以这样或那样倾斜的方式来控制方向，而不是轮流多次抬起双脚。这项创新受到了好评，轮滑也越来越受欢迎。作为一个有进取心的商人，普林顿很快就在纽约市建立了一家轮滑俱乐部。这项发明是授予现代轮滑之父的第一项专利的改进。

　　　如第299页图所示：

工作原理　　1. 在图1（Fig1）中，鞋子用带子固定在轮滑鞋上。

　　　2. 轮滑鞋的设计可以在施压时向一边或另一边进行杠杆运动，允许轮滑者在首选方向上轻微弯曲。

　　　3. 制动是通过向后跟施加压力来实现的，此时螺栓（48）与制动机构（47）接合。

发明者的话　　"本发明涉及并取决于那类可引导的曲线运行的轮滑鞋的结构、布置和操作模式。这类轮滑鞋是我于1863年1月6日在美国发明并首次获得专利的。更具体地说，是我于1865年8月25日在英国和1866年6月26日在美国改进并获得专利的。在这类可引导的弯曲运行的轮滑鞋中，滚轴被用于鞋子的滑板或脚架上，使得所述滚轴可以被挤压或转动，从而通过滑板或脚架的转动、倾斜或横移，使轮滑鞋向右或向左以曲线方式运行。"

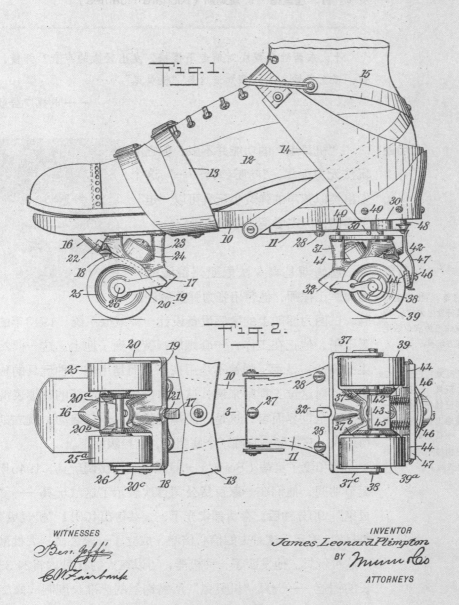

J. L. PLIMPTON.
ROLLER SKATE.
APPLICATION FILED DEC. 24, 1907.

906,281.

Patented Dec. 8, 1908.
3 SHEETS—SHEET 1.

Fig. 1.

Fig. 2.

WITNESSES
Ben. Joffe
C. M. Fairbank

INVENTOR
James Leonard Plimpton
BY Munn & Co
ATTORNEYS

299

"机灵鬼"（螺旋弹簧玩具）

专利名称： 玩具及使用方法
专 利 号： 2，415，012
专利日期： 1947年1月28日
发 明 者： 理查德·T.詹姆斯（Richard T.James）

什么东西独自或成对地走下楼梯，发出轻微的声音？弹簧，弹簧，多么奇妙。人人都知道这是"机灵鬼"……

——电视广告歌曲

用途

"机灵鬼"的功能并不多，但它的玩法无穷无尽。"咔哧铃铃……"这个发出类似弦声的弹簧小玩具可以"走"下楼梯，但主要是让你想去玩它。

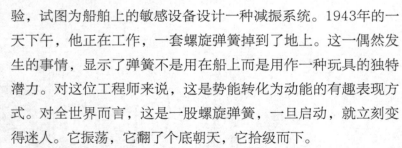

背景

2001年，"机灵鬼"入选玩具行业名人堂。同年，它被命名为宾夕法尼亚州的官方玩具。

"机灵鬼"已经不仅仅是一个玩具：一些自然科学教师已经把它作为一种教育辅助工具；在越南战争中，士兵们把"机灵鬼"扔进树枝中用作临时的无线电天线。

詹姆斯是宾夕法尼亚州费城的一名海军工程师，他曾用张力弹簧做过试验，试图为船舶上的敏感设备设计一种减振系统。1943年的一天下午，他正在工作，一套螺旋弹簧掉到了地上。这一偶然发生的事情，显示了弹簧不是用在船上而是用作一种玩具的独特潜力。对这位工程师来说，这是势能转化为动能的有趣表现方式。对全世界而言，这是一股螺旋弹簧，一旦启动，就立刻变得迷人。它振荡，它翻了个底朝天，它拾级而下。

他和妻子贝蒂（Betty）一直从事制作微调玩具。1945年圣诞节期间，他们在一家百货公司首次展示了这款玩具——"机灵鬼"。90分钟后，存货都卖光了，一共售出400只"机灵鬼"，每只卖1美元。这对夫妇信心倍增，成立了一家公司，大批量生产这种玩具。他发明了一种机器，可以在大约10秒内将24.38米长的钢丝——一只"机灵鬼"所需钢丝的标准长度制成螺旋弹簧。1956年，詹姆斯工业公司成立。

到20世纪60年代初，"机灵鬼"的销售已经放缓。理查德·詹姆斯去玻利维亚加入了一个宗教团体，把6个孩子及一大笔债务留给他的妻子。贝蒂·詹姆斯像一卷弹簧一样弹回来开展工作。她接管了詹姆斯工业公司，把这种玩具从遗忘的阴影中拯救了出来，"机灵鬼"开始悄悄地回到各地的家庭中。如今，"机灵鬼"在全球的销量已超过2,500亿只。

工作原理　　当在阶梯平台（如楼梯）上运动时，螺旋弹簧沿着整个纵波传递能量。一圈接一圈，一步又一步，整个弹簧的一端接着另一端继续下降，就像翻筋斗一样，一个筋斗一次下移一步，往下翻。

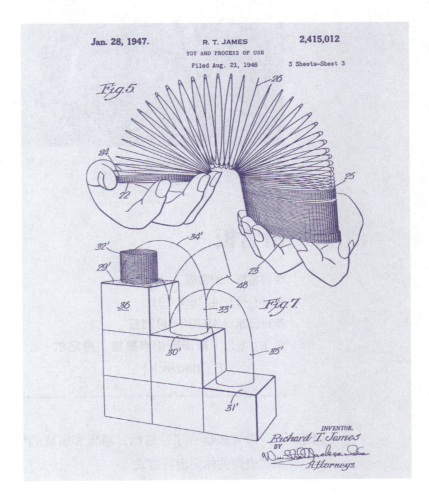

　　　"我的发明的目的是提供一种螺旋弹簧玩具，当它弯曲成一般的半圆形时，它会以一种有趣的方式从一端移到另一端，使两端上下颠倒。"

　　　"另一个目的是提供一种螺旋弹簧玩具，它可以沿着一个倾斜的平面或一组台阶等游乐平台，从一个起点一直移动到下一个连续的着陆点，无需施加除了启动力和重力之外的任何外力。"

2015年，埃德蒙德·普拉奇克（Edmond Plawczyk）创造了单板滑雪时速202.78千米的世界纪录，比1999年的纪录快了接近一秒

滑雪板

专利名称： 滑雪板

专 利 号： 4,165,091

专利日期： 1979年8月21日

发 明 者： （新泽西州卢瑟福）丹尼尔·E. 查德威克（Daniel E.Chadwick）

用途　　　滑雪板结合了冲浪板、滑板和雪橇的原理，提供了一个在积雪表面的休闲滑行方式。

背景　　　单板滑雪的流行似乎是最近才出现的一种现象，但人们以这种或那种形式享受这项运动已经有很长一段时间了。雪橇滑雪是注定要发展的，而平底滑雪板是它目前的表现形式。人们经常把单板滑雪所需要的技巧和协调性与滑板运动相比，许多街头滑板手也响应冬天的号召，在斜坡上滑行。

工作原理　　　该专利代表了滑雪板的早期版本，它非常类似于一个改良后的滑板，并借用了许多与滑板相同的基本原理。滑雪板由一个细长的主体组成，主体的前部和后部安装有横向隔开的滑板或滑块。滑块，就像滑板上的轮子一样，被连接在一起，以保持其平行关系和滑板的稳定性。每个滑块的底部表面居中配置稳定器翘片。

　　　1. 滑雪板由硬质塑料或木头制成。

　　　2. 具有向上弯曲部分的滑块，轴向间隔开，成对位于靠近滑板两端的底部。

　　　3. 滑块有小翘片，这有助于使用时稳定滑雪板。

　　　4. 滑块对称地位于板的纵向轴的相对两侧，并通过横杆平行地连在一起。

　　　5. 中间横向杆垂直偏移于前杆和后杆的上方，有柔性支架，柔性支架的上端固定在板的底部。

发明者的话　　　"一种首选的操作方式是将滑板放置在山顶上，山顶最好被积雪覆盖。操作者站在滑板上并促使其下滑，然后双脚放在滑板上，脚的位置类似于其在'滑板'上的位置。当滑雪板在下坡的雪地上滑行时，操作者可能会向两侧倾斜，以便将滑雪板移动到合适的方向。板上的弹性连接有助于操作人员操纵滑雪板。"

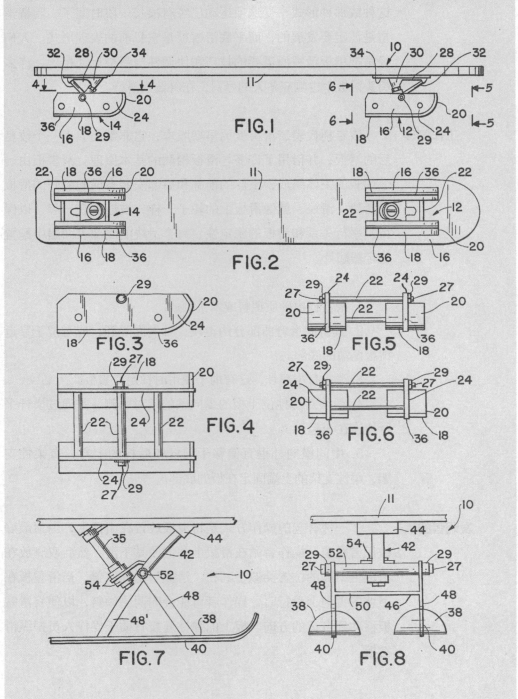

FIG.1

FIG.2

FIG.3

FIG.5

FIG.4

FIG.6

FIG.7

FIG.8

奥古斯特·巴托尔迪（Auguste Bartholdi）在他的工作室里，与雕像的内部框架在一起

自由女神像

专利名称：雕像设计

专 利 号：11,023

专利日期：1879年2月18日

发 明 者：（法国巴黎）奥古斯特·巴托尔迪（Auguste Bartholdi）

用途　　位于纽约港的自由女神像是法国送给美国的礼物，它的设计宗旨是体现自由照亮世界。

背景　　它是一个旅游景点，它是一件艺术品，它是欢迎美国移民的灯塔，在新大陆上过上更好生活的可能性吸引了这些移民。

1886年4月，约瑟夫·普利策（Joseph Pulitzer）帮助获得了完成雕像基地的捐款。一家公共福利基金会也通过戏剧活动、艺术展览、拍卖和奖品来筹集资金。

自由女神像是世界上被拍照次数最多的对象之一，是自由的普遍象征。这座雕像是法国为纪念美国《独立宣言》100周年而赠送的礼物，是于1865年在巴黎的一次宴会上构思的。6年后，为了考察雕像放置地并获得一些想法，这位法国雕塑家登上了一艘开往美国的船。在船靠岸之前，巴托尔迪选择了贝德罗岛（Bedloe's Island）作为放置地，甚至还画了一些草图。

1876年，这座雕像举着火炬的手臂在费城展示，以纪念《独立宣言》100周年，雕像的其余部分还没有完成。雕塑家构想他的整个作品是由薄铜板覆盖的钢制内部支撑框架组成的。后来，亚历山大·古斯塔夫·埃菲尔（Alexandre Gustav Eiffel）负责监管内部框架的建造，他之后又建造了另一座著名的经常上镜的纪念塔。自由女神像于1884年7月在法国完工，第二年像当时许多欧洲移民一样乘船抵达美国。这艘船载有300多件雕像部件，装在200多只箱子里面。1886年10月28日，格罗弗·克利夫兰（Grover Cleveland）总统为这座雕像举行了落成典礼。1903年，爱玛·拉撒路（Emma Lazarus）的这些诗句被刻在雕像的底座上：

把你的疲乏困倦交给我，
把你的贫穷疾苦交给我，
那渴望自由呼吸的蜷曲身躯，
那被彼岸无情遗弃的悲惨魂魄，
不论是无家可归，不论是颠沛流离，
全都给我，全都给我！
在这通向自由的金门之前，
我高举照亮黑夜的明灯！

工作原理　　　　内部钢制框架外包裹多个薄铜板。

发明者的话　　　　"雕像是一位女性，直立在一个基座或石块上，身体略微向左倾斜，以便靠在左腿上，整个雕像因此处于平衡状态，且相对于从头部到左脚的垂直线或轴线对称排列。右腿的下肢向后仰、弯曲，支在弯曲的脚趾上，从而使整个形体姿态更加优美。身上穿着经典的披风，是一件卷在左肩上的外套或斗篷，罩在裙子、束腰外衣或内衣外面，垂落到脚上形成大量褶皱。

右臂举起并伸出，手中握着燃烧的火炬。因此，火炬的火焰就这样被高举在雕像的上方。手臂是裸露的，袖子上的褶皱大量地垂到肩上。贴近身体的左臂拿着一块石板，上面刻着'1776年7月4日'。"

自由女神像
· 从底座到火炬顶端高度为46.05米
· 右臂长度12.8米
· 食指长度2.44米

电视机

专利名称： 阴极射线管

专 利 号： 2,139,296

专利日期： 1938年12月6日

发 明 者： （宾夕法尼亚州费城）弗拉基米尔·金·兹沃里金
（Vladimir K. Zworykin），转让给美国无线电公司

用途　　电视机是新闻的载体、娱乐的提供者和商业广告的媒介。

背景

在电视机被推出后不久，它就从客厅搬到了厨房，还有卧室、儿童房，最后甚至是汽车……

　　关于电视机发明的故事本身就会成为一部引人注目的电视剧。直到今天，至于这是谁的功劳仍有争论。但是，就像许多复杂的创新一样，电视机这项发明真是太棒了，以先前巧妙创意为基础，人们正等待着它的诞生。其基础的关键创新之一——阴极射线管——是由一位名叫卡尔·布劳恩（Karl Braun）的德国科学家于1897年发明的。阴极射线管是一种专用的真空管，它可以将折射的电子束转换成图像，阴极射线管至今仍用于电视机、摄像机和许多其他与图像相关的技术中。

　　布劳恩发明阴极射线管大约10年后，一位名叫鲍里斯·罗辛（Boris Rosing）的俄罗斯物理学家开始尝试这个想法，并得到了他的学生弗拉基米尔·兹沃里金（Vladimir Zworykin）的帮助。当罗辛第一次使用布劳恩的电子管制作电视机图像时，他只能设法传输粗糙的形状。在1917年布尔什维克革命期间，罗辛失踪了一段时间，他的实验也中断了。最终，他的学生享有了另一个实现梦想的机会。

兹沃里金离开他的祖国去巴黎学习相对较新的X射线技术，最终在1919年前往美国，在宾夕法尼亚州匹兹堡的西屋电气实验室找到了一份工作。之后在这里，他得到了美国无线电公司（RCA）的大力资助，继续试验电视机技术，对阴极射线管进行了重大改进，以产生电子图像。

RCA后来资助了另一位发明家，他提出了一个合法的理由，证明他已经发明了电视机的基本组件，并获得了专利。来自犹他州的农场男孩菲洛·法恩斯沃思（Philo Farnsworth）是第一个在电视机屏幕上传输由60条水平线构成的图像的人。1927年，他申请了自己的第一个电视机专利，编号为1773980。RCA派出苏联工程师去会见犹他州的农场男孩，以获取有关完善电视机的信息。法恩斯沃思的公司接待了苏联人，认为有可能从规模大得多的RCA获得一份有价值的合同。

经过艰难的法律纠纷和专利僵局之后，RCA同意支付100万美元购买法恩斯沃思的专利权。尽管RCA可能不会在其公司历史上宣传这一事实，但它仍不能完全肯定地回答谁是真正的电视机发明者的问题（如果只有一个的话），而且关于这个问题的争论仍在继续。到了1930年，兹沃里金和法恩斯沃思都已经有了可行的电视机系统，并且都被誉为电视机的"发明者"。

可以肯定的是：电视机缩小了世界，并深刻地改变了世界各地的社会面貌。

工作原理　　1. 在阴极射线管内，电子被定向到光感目标上，并被折射到构成电视机屏幕的平面上。

2. 当电子沿着管的平坦表面撞击磷光涂层时，就会发出光。

3. 与此同时，在电子管的外部，电磁线圈使电子束发生偏转，使其通常以水平模式扫描整个屏幕。

4. 当扫描快速持续地进行时，屏幕上的光会形成对人眼稳定且连续的图像。

发明者的话　　"在我的同时待审的申请中发布的阴极射线发射管是由具有至少一个透明壁的真空容器、镶嵌式平面光敏阴极和用于将阴极射线导向或导出阴极的电子枪组成。"

"当这种装置用于上述申请中所公布类型的电视发射机或超显微镜上时，必须在物体和光敏电极中间插入由一个或多个透镜构成的光学系统，以便在所述电极上形成物体的光学图像。"

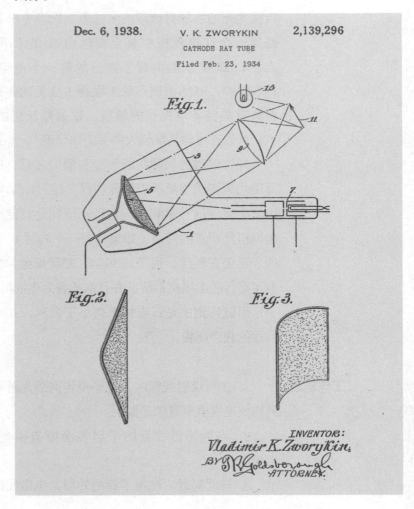

Dec. 6, 1938.　　V. K. ZWORYKIN　　2,139,296

CATHODE RAY TUBE

Filed Feb. 23, 1934

Fig.1.

Fig.2.　　Fig.3.

INVENTOR:

Vladimir K. Zworykin,

BY R. Goldsborough

ATTORNEY.

虚拟现实系统

专利名称： 用于创建线框和多边形虚拟世界的方法和设备

专 利 号： US5, 559, 995 A

专利日期： 1996年9月24日

发 明 者： （加利福尼亚州旧金山）丹·D. 布朗宁（Dan D. Browning）、伊森·D. 乔夫（Ethan D. Joffe）和贾隆·Z. 拉尼尔（Jaron Z. Lanier）

用途　　这种头戴式显示设备为用户提供一种虚拟世界的错觉，让他们可以通过头盔上的传感器或手持控制器在虚拟环境中导航。

背景　　1984年，计算机科学家、艺术家和音乐家贾隆·拉尼尔

心理学家和LSD倡导者蒂莫西·利里（Timothy Leary）与VPL研究公司取得了联系，试图找到一种合法的方法来研究模仿服用迷幻药的意识。

（Jaron Lanier）创立了VPL研究公司。人们普遍认为，是他创造了"虚拟现实"（VR）这个词。拉尼尔最初希望开发一种VPL，即"视觉编程语言"，让更多的人学习如何为计算机系统编程。VPL研究公司后来成为最早开发和销售虚拟现实设备的

公司之一。

　　VPL研究公司的首批设备之一是"数据手套"（Data Glove）。这款手套是拉尼尔在VPL公司的合作伙伴托马斯·齐默尔曼（Thomas Zimmerman）发明的，最初的用途是作为计算机的输入和控制方法。很显然，在请来米奇·奥尔特曼（Mitch Altman）为手套的微控制器编程之后，"数据手套"将在虚拟现实系统中得到应用。

　　VPL研究公司的下一个主要硬件是智能眼镜式手机（EyePhone），这是一种类似于今天所见的虚拟现实耳机的头盔显示器（HMD）。这款设备的设计初衷是让用户沉浸在一个虚拟的世界中，使用具有图像变化的LCD屏幕来营造深度感。VPL还将继续开发紧身衣、音频系统和三维渲染引擎，以完善其虚拟现实系统。

　　拉尼尔和VPL研究公司获得了多项与虚拟现实（VR）技术相关的专利。这里引用的第一个例子，描述了一种沉浸式操作系统，用户可以在该系统中积极编程并塑造周围的世界，所有这些都是虚拟现实的。用户不需要佩戴头盔来观看，比如山地景观或视频游戏等，而是需要操作输入控件，对周围的世界进行编程，然后才会出现任何彩色或纹理对象。正如VPL研究的早期目标一样，拉尼尔希望将计算机编程带给更多人，并"尽可能简化虚拟世界的创建"。

　　2016年春天，虚拟现实技术开始广泛应用，Oculus Rift头盔于3月28日发布，而HTC Vive头盔仅在8天后发布。这两款VR头盔，加上三星Gear VR和谷歌Cardboard等各种基于智能手机的设置，让虚拟现实在消费者科技市场上得以推广。如今，视频游戏和其他娱乐专门为VR开发，如美国橄榄球联盟（NFL）和美国职业篮球联赛（NBA）等国家体育联盟也为游戏提供虚拟现实观看。增强现实（AR）是微软全息透镜（Microsoft HoloLens）等产品中使用的技术，它通过计算机生成信息的覆盖向人们展示真实的世界。VR和AR正在融入许多行业，例如从市场营销到建筑再到美国国家航空航天局

（NASA）的科学任务。

工作原理　　1. 头盔显示器（HMD）通常有一个或多个LCD屏幕，通过HDMI电缆连接到运行软件的计算机上，生成三维虚拟世界。如果虚拟现实（VR）设备是智能手机，那么只需由手机来运行软件即可。

2. 头盔通过一系列传感器跟踪用户视线，并在屏幕上显示虚拟世界的适当部分。

3. 为了让用户沉浸其中并模拟现实，该显示器显示了大约100度的视野，略低于人眼所见。

4. 头盔中的附加镜头可以创建一个立体的3D图像，模拟每只眼睛视野的细微变化。

5. 用户可以简单地通过移动，如头盔中的传感器所跟踪的，或者通过使用手持控制器，在虚拟世界中导航并与其中的对象交互。手持控制器将传感器与如操纵杆和按钮这样的控制系统结合在一起。

发明者的话　　"在孩子们成长的过程中，他们面临着一场深刻的冲突。冲突的一方是他们梦想和想象的内部世界，在这个世界里，一切皆有可能，而且都是流动的；另一方是现实世界，在这个世

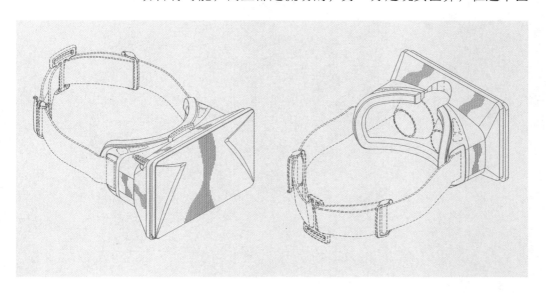

界里，他们有父母、食物和朋友，在这个世界里，他们并不孤单，他们可以生存。因此，随着孩子们的成长，他们必须逐渐淡化这个想象和庆祝的世界，而强调现实的世界，除非他们愿意独自一人精神错乱，完全依赖他人生存。当然，可以将两者结合起来，但这太难了，就像走钢丝一样难。我认为孩子们本能地喜欢电脑，特别是喜欢虚拟现实的原因是，它确实提供了一种新的解决方案，一种创造我们可以在一起的想象世界的方式，就像真实世界一样。"

——贾隆·拉尼尔

Seven 附录

发明专利小常识

三类发明专利

美国专利商标局授予三类发明专利。迄今为止，最常见的发明专利是实用专利。另外两种类型是植物发明专利和外观设计专利。

1. 实用发明专利

实用发明专利被授予任何可以被认为是有用的工艺、机器、方法或物质组合物的发明。实用发明专利还涵盖了对于任何该类别已有发明的新用途的开发，以及对现有发明的改进。就发明者而言，好处是，专利不一定要比市场上任何其他产品都更有用、更新颖或更有吸引力，只需至少是有用的就可以了。获得实用发明专利的关键在于这项发明的功能。只要某种东西可以被认为是"新的和非显而易见的"（用专利局的话来说），它就很可能被授予发明专利。

本书中绝大多数发明专利，和在现实生活中的情况一样，都是实用发明专利。生物技术领域扩大了实用发明专利的定义，目前该类专利被授予包括通过基因工程在实验室中开发的生命形式。新品种的小鼠、从未见过的玉米品种和许多类型的微生物都是实用发明专利的实例。实用发明专利有效期为20年。

2. 植物发明专利

1930年的《植物专利法》为植物新品种的发明者提供了知识产权保护。植物发明专利授予任何发现或发明及无性繁殖出一种独特的新植物品种的人。这些品种包括突变体、杂交品种或新发现的幼苗。无性繁殖的植物不是通过种子而是通过剪枝、嫁接、插枝或其他类似的过程来繁殖的。植物发明专利不适用于块茎繁殖植物，如白马铃薯或菊芋。提交专利申请时，新植物品种的发明人必须附上样本的详细绘图；如果新植物是以一种新颜色为特征的，该颜色必须显示在图中。植物专利通常颁发给出于各种原因创造新植物的个人：开发出了能结出更多果实的树，或者一种新的水果；培育出了抗病能力更强的植物（或作物）；培育出了具有药用价值的植物；培育出了仅仅是产生一种新的具有美感的花。和实用发明专利一样，植物发明专利有效期也为20年。

3. 外观设计专利

外观设计专利被授予任何为制成品提出一种新的"非显而易见"的装饰性的外观设计的人。本书中的一个例子就是芬达的斯特拉托卡斯特（Fender Stratocaster）电吉他。设计专利阻止其他人制造类似产品。大约每10项实用专利才颁发1项设计专利，使其在专利领域相对较少。设计专利的有趣之处在于，它只包括产品的外观，与产品的功能没有任何关系。因此，当有人申请设计专利时，整个"发明"只能通过附图或其他效果图进行说明；如果是用文字描述，就被视为无效。当物品的外观会对它的商业成功产生重大影响时，就会寻求获得设计专利。比如，计算机图标经常获得专利，但计算机内部通常看不到的部件不被授予设计专利，因为这些部件的形状或设计并不能使它们在功能上有用。外观设计专利有效期为14年。

专利与商标

专利和商标构成了美国专利商标局工作的基础。两者都保护某些类型知识产权的持有者。然而，两者的具体功能是不同的。

专利是保护发明的文件，通常分为产品、植物或外观设计。当发明人被授予专利时，他或她受到一定的保护，允许他人以科学进步的名义使用、分析和（或）修改发明，同时仍然给予发明者可能从发明中获得的任何收益、利润或其他好处。

另一方面，还有商标：气泡膜、便利贴、神奇画板、魔术贴。每一个发明都有其独特的革命性，每一个发明都有自己的故事，每一个发明都有商标。这就是为什么你会看到每个名字后面都有一个带字母"R"的小圆圈。该符号的意思是"注册商标"。这些创造的成功依赖于品牌识别，以及成功地确立产品的可识别性、独特性和优越性。虽然专利在有限的时间内保护了一家制造商对产品的复制，但商标依赖于消费者对原产品的忠诚度——通过品牌营销，然后让人们来衡量其他类似产品。与专利不同的是，只要产品在使用，商标就有效。

商标仅仅是出现在销售产品上的一个单词、短语、符号或设计，它与市场上的其他单词、短语、符号或设计有所不同。服务商标是另一种商标，由提供服务而非产品的公司使用。服务标记也由单词、短语或符号表示。商标的另一个名称是"品牌名称"。公司努力使自己的商标与众不同。事实上，强大的商标可能会深入公众意识，以至于实际上取代了产品的真实名称。以上列举的产品就是很好的例子。当"气泡膜"在词汇中如此根深蒂固时，人们通常不会要求使用"密封气垫材料"。"克里内克丝"（Kleenex，面巾纸品牌）和"施乐"（Xerox，复印机品牌）也提供了其他类似的例子。这些根本不是词汇，而是商标或品牌名称。"可乐"一词也是如此，成为可口可乐饮料的昵称。虽然可口可乐的名字已经注册了商标，但是用来制造该饮料风味的配方一直是商业机密。

换句话说，商标真正保护了营销理念——公司试图销售的产品的形象。当公司发行商标时，它希望确保消费者不会将其产品与其他公司的产品混淆。因此，商标保护了公司的形象或声誉。这样做，有助于其建立品牌忠诚度和保持业务。随着全球市场的扩大，商标变得越来越有价值。在一个充斥着来自世界各地的商品的市场，企业面临着更加努力建立和保护自身商标的挑战。

如何获得专利

在申请专利之前，您要做的第一件事就是确保您的想法尚未获得专利。您可以在当地大学图书馆查阅相关文献，或者在美国专利商标局网站（http://www.uspto.gov/）上搜索核查。当您对自己的发明做最后修改时，一定要保密! 最好保留在您想法形成和完善过程中的所有工作、购买和其他数据的记录和文档，以防在您申请专利之前有人提出类似的想法。这样，如果一个类似的发明大约在同一时间发布，您就可以证明自己确实是首先有了这个想法的人。

一旦您非常确定自己的发明是"新的和非显而易见的"，您就可以开始申请专利了。任何专利申请都有三个主要组成部分：（1）一份说明发明细节并附有宣誓声明书面文件；（2）本发明的附图（如果适用的话）；（3）申请费。美国专利商标局称专利申请是"复杂的法律文件"，最好留给专利律师或代理人处理。不过，如果您愿意履行这些冗长而苛刻的要求，您也可以自己申请。

一旦您了解了详细信息，申请的大部分内容就可以在规范部分找到。该部分要求对发明进行完整、简洁、清晰和准确的描述，并且要足够明确，以便其他人能够构建或复制它。然后是非常重要的权利要求部分。在这里，您必须尽可能强有力地证明您的发明的相关性和实用性，并说明其与众不同的方面。这里的措辞非常重要，并会强烈影响到您的专利是否会被授予。

接下来是附图部分，如果适用的话，它应该包括该项发明的各种视图。最后，您必须确保支付申请费。如果您的专利获得批准，恭喜您!但是要准备好支付更多的钱，包括发布、设计和厂房费用。您还需要在专利发布的3.5年、7.5年及11.5年后分次缴纳维持费。随着时间的推移，维持费用也在增加，但是如果您的专利已被证明对社会有用，您肯定会非常富有，足以支付这些费用!

参考书目

◆ Amirani, Amir. "Sir Alec Jeffreys on DNA Profiling and Minisatellites", *Science Watch*, 1996.

◆ Bacon, Tony. *The Ultimate Guitar Book*. New York: Alfred A. Knopf, 1997.

◆ Bardey, *Catherine. Lingerie:A History and Celebration of Silks, Satins, Laces, Linens and Other Bare Essentials*. New York: Black Dog and Leventhal, 2001.

◆ Bowler, R. M. , PhD, MPH, and J. E. Cone, MD, MPH. *Occupational Medicine Secrets*. Philadelphia, PA: Hanley & Belfies, 1999.

◆ Bullock, A. , and R. B. Woodings, eds. *20th Century Culture*. New York: Harper & Row, 1983.

◆ "Chili Peppers and Endorphins", *The Veiled Chameleon*, April 21, 2003, http: // www. veiledchameleon. com/archives/000042. html (accessed November 11, 2003).

◆ Folkhard, Claire, ed. 2003 *Guinness Book of World Records*. New York: Bantam Books, 2003.

◆ Folkhard, Claire, ed. 2004 *Guinness Book of World Records*. New York: Time, Inc. , 2003.

◆ "Genetic Fingerprinting", *The Science Show*, Radio National. Transcript of Broadcast, September 21, 2002.

◆ Hancock, Michael. "Burroughs Adding Machine Company: Glimpses into the Past", http: //www. dotpoint. com/xnumber/hancock7. htm (accessedSeptember 2003).

◆ Harrison, I. , and S. Fossett. *The Book of Firsts: The Fascinating Stories Behind the World' s Greatest Achievements, Discoveries, and Breakthroughs*. Pleasantville, NY: Reader's Digest, 2003.

◆ *I' ll Buy That! 50 Small Wonders and Big Deals That Revolutionized the Lives of Consumers*. Yonkers, NY: Consumers Union, 1986.

◆ Kemmiya, Misa. "TED Case Studies, Shrimp and Turtle, Case Number 436", http: //www. american. edu/projects/mandala/ted/shrimp2. htm (accessedSeptember 2003).

◆ Kwolek, Stephanie. Telephone interview by author. August 24, 2003.

◆ Lillard, Margaret. "Re-Enactment of Wright Bros. Flight Fails", Associated Press, December 17, 2003.

◆ McLaren, Carrie. "Porn Flakes: Kellogg, Graham and the Crusade for Moral Fiber", ibiblio: the public's library and digital archive, http: //www. ibiblio. org/stayfree/10/ graham. htm(accessed October 2003).

◆ Mooney, Julie. *Ripley' s Believe It or Not! Encyclopedia of the Bizarre, Amazing, Strange, Inexplicable, Weird and All True!* New York: Black Dog and Leventhal, 2002.

◆ Papazian, Charlie. *The Complete Joy of Home Brewing*, 3d ed. New York: Harper Collins, 2003.

◆ Rose, S. , and N. Schlager. *How Things Are Made*. New York: Black Dog and Leventhal, 2003.

◆ Schiavone, Louise. "Australian Inventor's Gun Fires 1 Million Rounds a Minute", CNN, June 28, 1997, http: //www. cnn. com/TECH/9706/28/super. gun/ (accessed October 2003).

◆ Turkington. C. A. , and S. J. Propst, MD. *The Unofficial Guide to Women' s Health*. Boston, MA: IDG Books Worldwide, 2000.

◆ Van Dorenstern, Phillip, ed. *The Portable Poe*. New York: Penguin Books, 1981.